Dirk Kühlers, Ekkehart Bethge, Michael Fleig, Gudrun Hillebrand, Henner Hollert, Boris Lehmann, Dietrich Maier, Matthias Maier, Ulf Mohrlok, Jan Wölz

Spannungsfeld Hochwasserrückhaltung und Trinkwassergewinnung

Ein Leitfaden

Spannungsfeld Hochwasserrückhaltung und Trinkwassergewinnung

Ein Leitfaden

von
Dirk Kühlers[1]
Ekkehart Bethge[2]
Michael Fleig[3]
Gudrun Hillebrand[4]
Henner Hollert[5]
Boris Lehmann[4]
Dietrich Maier[3]
Matthias Maier[1]
Ulf Mohrlok[2]
Jan Wölz[5]

[1] Stadtwerke Karlsruhe GmbH, Daxlander Str. 72, 76185 Karlsruhe
[2] Institut für Hydromechanik, Karlsruher Institut für Technologie (KIT), Kaiserstraße 12, 76131 Karlsruhe
[3] DVGW-Technologiezentrum Wasser (TZW), Karlsruher Straße 84, 76139 Karlsruhe
[4] Institut für Wasser und Gewässerentwicklung, Karlsruher Institut für Technologie (KIT), Kaiserstraße 12, 76131 Karlsruhe
[5] Institut für Umweltforschung, Rheinisch-Westfälische Technische Hochschule Aachen (RWTH), Worringerweg 1, 52074 Aachen

Impressum

Karlsruher Institut für Technologie (KIT)
KIT Scientific Publishing
Straße am Forum 2
D-76131 Karlsruhe
www.ksp.kit.edu

KIT – Universität des Landes Baden-Württemberg und nationales
Forschungszentrum in der Helmholtz-Gemeinschaft

KIT Scientific Publishing 2010
Print on Demand

ISBN 978-3-86644-603-8

Vorwort

Wasser stellt ein verbindendes Element in unserer belebten und unbelebten Umwelt dar, da es in allen Bereichen der Geosphäre (Atmosphäre, Lithosphäre, Hydrosphäre, Biosphäre und Anthroposphäre) eine bedeutende Rolle in den dort stattfindenden Prozessen einnimmt. Ein Eingriff in den Wasserhaushalt kann daher weit reichende und zunächst unabsehbare Folgen in unserer Umwelt nach sich ziehen, bis hin zu komplexen Rückkopplungen, die wiederum auf den Wasserhaushalt selbst einwirken.

Infolgedessen müssen bei der Planung größerer wasserwirtschaftlicher Projekte die Auswirkungen auf die verschiedenen Umweltkompartimente auf der Grundlage umfangreicher Untersuchungen ermittelt werden. Unter zu Hilfenahme aller zur Verfügung stehenden Möglichkeiten müssen die jeweiligen spezifischen Folgen abgeschätzt und unter Berücksichtigung der Standortverhältnisse und unter Abwägung aller Einflussgrößen gemindert werden.

Am Modellstandort des dem Leitfaden zugrunde liegenden Forschungsprojekts, im Raum Kastenwört südlich von Karlsruhe am Oberrhein, wurde in den letzen Jahrzehnten die Planungen zweier bedeutender wasserwirtschaftlicher Projekte, eines Hochwasserrückhalteraums und eines Wasserwerks, durchgeführt. Da der vorhandene allgemeine wissenschaftliche Kenntnisstand nicht ausreichte, um die gegenseitigen Auswirkungen zuverlässig zu prognostizieren, wurde ein Forschungsverbund ins Leben gerufen, um das vorliegende Thema grundlegend wissenschaftlich zu untersuchen. Aufgrund der Vielzahl der beteiligten Aspekte umfasste der Verbund zur Durchführung des Forschungsvorhabens fünf Partner: das Institut für Wasser und Gewässerentwicklung und das Institut für Hydromechanik des Karlsruher Instituts für Technologie (KIT), das Institut für Umweltforschung der Rheinisch-Westfälischen Technischen Hochschule Aachen (RWTH), das DVGW-Technologiezentrum Wasser (TZW) Karlsruhe, und die Stadtwerke Karlsruhe GmbH, welcher die Koordination des Forschungsverbundvorhabens oblag. Nur durch die intensive und erfolgreiche Zusammenarbeit aller Partner konnte die vorliegende Fragestellung auf wissenschaftlicher Basis beantwortet werden, und dieser praxisbezogene Leitfaden entstehen.

Eine wesentliche Komponente, die zum Erfolg des Verbundvorhabens beigetragen hat, war die Unterstützung durch weitere Institutionen. Dank gilt dem Bundesministerium für Bildung und Forschung (BMBF), das die Forschungsprojekte des Verbundvorhabens finanziell förderte. Die Rimax-Koordination am Geoforschungszentrum Potsdam ermöglichte den wissenschaftlichen Austausch mit anderen Forschungsgruppen und arrangierte die Möglichkeit der Nutzung notwendiger Geodaten. Zur Durchführung wissenschaftlicher Forschung ist eine solide Datengrundlage unverzichtbar. Hierzu haben wesentlich das Regierungspräsidium Karlsruhe mit Daten vom Modellstandort Kastenwört, die Arbeitsgemeinschaft Wasserwerke Bodensee-Rhein (AWBR), die Landesanstalt für Umwelt, Messungen und Naturschutz Baden-Württemberg (LUBW), die Bundesanstalt für Gewässerkunde (BfG) und das Bundesamt für Kartographie und Geodäsie (BKG) beigetragen. Das Helmholtz-Zentrum für Umweltforschung (UFZ), Department Wirkungsorientierte Analytik, stellte die Möglichkeit zur Verfügung, wertvolle ergänzende Untersuchungen durchzuführen. Darüber hinaus sind die Auftragnehmer des Verbundvorhabens, das Ingenieurbüro Dr.-Ing. Karl Ludwig sowie das Heinrich-Sontheimer-Laboratorium für Wassertechnologie (HSL) zu nennen, deren zuverlässige Arbeit einen wichtigen Bestandteil für die Untersuchungen darstellte.

Im Namen der Projektpartner möchte ich mich daher bei allen Beteiligten, die zum Gelingen dieses Leitfadens beigetragen haben, für die gewährte Unterstützung bedanken.

Matthias Maier

GEFÖRDERT VOM

Bundesministerium
für Bildung
und Forschung

Dieser Leitfaden entstand im Rahmen der BMBF-Förderaktivität
„Risikomanagement extremer Hochwasserereignisse (Rimax)"
als Ergebnis des Forschungsverbundvorhabens
„Spannungsfeld Hochwasserrückhaltung und Trinkwassergewinnung –
Vermeidung von Nutzungskonflikten (HoT)".

Die diesem Bericht zugrunde liegenden Vorhaben wurden mit Mitteln
des Bundesministeriums für Bildung und Forschung unter den nachfolgend aufgeführten Förderkennzeichen gefördert. Die Verantwortung für
den Inhalt dieser Veröffentlichung liegt bei den Autoren.

Teilprojekt A (Förderkennzeichen 02WH0690):
„Numerische Modellierung des Grundwasserstroms und zugehörigen Stofftrans-
ports in der Umgebung des Retentionsraumes"
Schlussbericht: KÜHLERS & MAIER 2009,
    http://edok01.tib.uni-hannover.de/edoks/e01fb09/61280013X.pdf

Teilprojekt B (Förderkennzeichen 02WH0691):
„Schadstoffcharakterisierung und -verhalten in Überflutungsflächen in Folge ex-
tremer Hochwasserereignisse"
Schlussbericht: BRAUCH & FLEIG 2009,
    http://edok01.tib.uni-hannover.de/edoks/e01fb10/616842244.pdf

Teilprojekt C (Förderkennzeichen 02WH0692):
„Bewertung des Sickerwassertransports von Schadstoffen aus Überflutungsflächen
ins Grundwasser bei extremen Hochwässern"
Schlussbericht: MOHRLOK et al. 2009,
    http://edok01.tib.uni-hannover.de/edoks/e01fb10/621446416.pdf

Teilprojekt D (Förderkennzeichen 02WH0693):
„(Öko)toxikologische Charakterisierung von Schwebstoffen, Boden- und Grundwasserproben zur Abschätzung des Schädigungspotenzials von extremen Hochwasserereignissen für die Trinkwassergewinnung"
Schlussbericht: WÖLZ & HOLLERT 2009,
    http://edok01.tib.uni-hannover.de/edoks/e01fb10/620675268.pdf

Inhaltsverzeichnis

1 Einführung **1**

  1.1 Veranlassung 1

  1.2 Multibarrierenprinzip 2

  1.3 Zielsetzung..3

2 Grundlagen der Strömung und des Stofftransports in der Wasserphase ..5

  2.1 Strömung des Wassers 5

    2.1.1 Das hydraulische Potential...5

    2.1.2 Strömung im Fließgewässer..6

    2.1.3 Strömung in porösen Medien 7

  2.2 Stofftransport in der Wasserphase...8

    2.2.1 Advektion und Diffusion 8

    2.2.2 Sorption und Retardation...10

    2.2.3 Stoffabbau...11

3 Schadstoffe..**13**

  3.1 Schadstoffe aus Sicht des Gewässerschutzes 13

  3.2 Schadstoffe aus Sicht der Trinkwasserversorgung.............................14

  3.3 Schadstoffe aus Sicht des Stofftransports 17

  3.4 Messtechnische Bestimmung der Konzentration und toxikologischen Wirksamkeit von Schadstoffen..18

4 Schadstofftransport im Fließgewässer und Eintrag in den Retentionsraum **21**

  4.1 Transport gelöster Schadstoffe...21

    4.1.1 Transport gelöster Stoffe in Fließgewässern.............................21

    4.1.2 Zeitlicher Konzentrationsverlauf gelöster Schadstoffe im Fließgewässer.............24

    4.1.3 Eintrag gelöster Schadstoffe in den Retentionsraum..............26

    4.1.4 Messtechnische Bestimmung der Konzentrationen und Wirksamkeiten gelöster Schadstoffe..27

  4.2 Transport schwebstoffgebundener Schadstoffe..................................27

    4.2.1 Transportmechanismen von Schwebstoffen in Fließgewässern...................28

    4.2.2 Messtechnische Konzentrationsbestimmung schwebstoffgebundener Schadstoffe im Fließgewässer 35

4.2.3   Zeitlicher Konzentrationsverlauf schwebstoffgebundener Schadstoffe im Fließgewässer 38

4.2.4   Messtechnische Bestimmung des Schwebstoffrückhalts im Retentionsraum 39

4.2.5   Modellierung der Sedimentablagerungen im Retentionsraum 41

4.2.6   Bestimmung des schwebstoffgebundenen Schadstoffrückhalts in Retentionsräumen 44

5   Schadstofftransport in der Bodenzone 47

5.1   Strömungs- und Transportprozesse in der Bodenzone 47

5.1.1   Aufbau der Bodenzone in Flussauen 47

5.1.2   Grundlagen der Strömung und des Transports in der Bodenzone 49

5.1.3   Strömungs- und Transportprozesse während eines Flutungsereignisses 52

5.2   Relevante Parameter für die Schadstoffverlagerung 61

5.2.1   Beschreibung der relevanten Parameter 61

5.2.2   Messtechnische Bestimmung der relevanten Parameter 64

5.3   Berechnung des Risikos einer Schadstoffverlagerung in den Aquifer 66

5.3.1   Räumliche Gliederung des Retentionsraums für die Risikoberechnung 67

5.3.2   Beschreibung der Unsicherheit der Bodenparameter 69

5.3.3   Durchführung der Risikoberechnung 70

5.3.4   Durchführung der Risikobewertung 71

5.4   Messtechnische Bestimmung der Schadstoffkonzentrationen und -wirksamkeiten in der Bodenzone 72

6   Schadstofftransport im Grundwasserleiter 75

6.1   Strömung und Stofftransport im Grundwasserleiter 76

6.1.1   Grundlagen 76

6.1.2   Größe des Einzugsgebietes eines Wasserwerks 77

6.1.3   Grundwasserströmung und Stofftransport zwischen einem Fließgewässer und einem Wasserwerk 77

6.2   Charakterisierung der Grundwasserströmung zwischen Retentionsraum und Wasserwerk 81

6.2.1   Der Retentionsraum und das Einzugsgebiet des Wasserwerks sind räumlich getrennt 82

6.2.2   Das Einzugsgebiet des Wasserwerks beinhaltet Teile des Retentionsraums 84

6.2.3   Das Einzugsgebiet des Wasserwerks beinhaltet sowohl Teile des Retentionsraums als auch einen Abschnitt des Fließgewässers 86

6.2.4   Schlussfolgerung und Diskussion 88

6.3   Gewinnung und Interpretation von Messdaten 90

6.3.1   Untersuchung der Aquifer-Eigenschaften 90

6.3.2   Untersuchung der Grundwasserströmung 92

6.3.3   Untersuchung der Grundwasserbeschaffenheit 93

6.4   Berechnungen mittels Aquifersimulation 95

6.4.1   Anforderungen an das Grundwassermodell 95

6.4.2   Aufbau des Grundwassermodells 96

7   Gefährdung der Trinkwassergewinnung durch einen Retentionsraum 103

7.1   Zusammenfassung 103

7.2   Bewertung des Gesamtrisikos 104

8   Möglichkeiten zur Stärkung der Barrieren 107

8.1   Minderung des Schadstoffeintrags in den Retentionsraum 107

8.2   Minderung des Schadstoffeintrags in das Grundwasser 109

8.3   Minderung des Schadstofftransports zum Trinkwasserwerk 110

9   Fazit 115

Literaturverzeichnis 117

Symbolverzeichnis

Formelzeichen	Beschreibung	Einheit
a	Höhe nahe der Sohle eines Gerinnes	[m]
a_y	Koeffizient zur Berechnung des Dispersionskoeffizienten D_y	[-]
A	Fläche / Querschnittsfläche	[m²]
B	Gerinnebreite	[m]
$B_{Interaktionszone}$	Breite der Interaktionszone	[m]
c	Geschwindigkeitsbeiwert	[m^{0,5}/s]
C	Konzentration eines Stoffes	[kg/m³]
C_0	Konzentration zu Beginn eines Prozesses	[kg/m³]
C_a	bekannte Schwebstoffkonzentration in der Höhe a nahe der Sohle eines Gerinnes	[kg/m³]
C_{aqu}	Konzentration am Übergang Deckschicht - Aquifer	[kg/m³]
C_{Fl}	Konzentration im Flutungswasser	[kg/m³]
C_{grenz}	Grenzwertkonzentration	[kg/m³]
C_l	Konzentration gelöster Stoffe	[kg/m³]
C_p	Schwebstoffkonzentration	[kg/m³]
$C_{p,fein}$	Schwebstoffkonzentration < 600 µm (bzgl. Schwermetallen: < 20 µm)	[kg/m³]
C_s	Konzentration sorbierter Stoffe	[-] ([kg/kg])
C_{TOC}	Gehalt an organischem Kohlenstoff in einem Sediment	[-] ([kg/kg])
d	Partikeldurchmesser	[m]
D	Diffusionskoeffizient oder Dispersionskoeffizient	[m²/s]
D_h	Hydrodynamischer Dispersionskoeffizient	[m²/s]
D_y	Dispersionskoeffizient transversal-horizontal zur Strömung	[m²/s]
E	Exponent	[-]
E_{ges}	gesamte Energie	[J]
E_h	Lageenergie	[J]
E_k	kinetische Energie	[J]
E_p	als hydrostatischer Druck gespeicherte Energie	[J]
f	Faktor	[-]
F_G	Gewichtskraft	[N]
g	Erdbeschleunigung	[m/s²]
h	Fließtiefe eines Gerinnes / Überflutungshöhe	[m]
H	hydraulisches Potential	[m]

Formelzeichen	Beschreibung	Einheit
$H_{f,0}$	Ausgangswasserstand des Oberflächenwassers	[m]
$H_{f,max}$	maximaler Wasserstand des Oberflächenwassers	[m]
$H_{gw,0}$	Ausgangsniveau der Grundwasserdruckhöhe	[m]
$H_{gw,max}$	maximale Grundwasserdruckhöhe	[m]
H_h	Lagepotential bzw. Gravitationspotential	[m]
H_k	kinetisches Potential	[m]
H_p	Druckpotential	[m]
I	Potentialgefälle	[-] ([m/m])
j	spezifischer Massestrom	[kg/(m²·s)]
j_{aqu}	Massenfluss in den Aquifer	[kg/(m²·s)]
$j_{inf,l}$	Massenfluss mit infiltrierendem Oberflächenwasser	[kg/(m²·s)]
$j_{inf,sed}$	Massenfluss aus den belasteten Sedimenten	[kg/(m²·s)]
j_m	Massenfluss über die Bodenmatrix	[kg/(m²·s)]
j_{mp}	Massenfluss über die Makroporen	[kg/(m²·s)]
k	hydraulische Leitfähigkeit,	[m/s]
k_{eff}	effektive hydraulische Leitfähigkeit	[m/s]
k_{mp}	hydraulische Leitfähigkeit einer Makropore	[m/s]
k_{ST}	Strickler-Beiwert	[m$^{1/3}$/s]
K_d	Verteilungskoeffizient	[m³/kg]
K_{oc}	Kohlenstoff–Wasser-Verteilungskoeffizient	[m³/kg]
K_{ow}	Oktanol–Wasser-Verteilungskoeffizient	[-]
m	Masse	[kg]
$m_{dep,ges}$	gesamte Sedimentmenge in einem Gebiet	[kg]
$m_{dep,fein}$	Sedimentmenge < 600 µm in einem Gebiet (bzgl. Schwermetallen: < 20 µm)	[kg]
m_l	Masse eines im Wasser gelösten Stoffes	[kg]
M	Bodenhorizontmächtigkeit	[m]
M_{dep}	Sedimentmenge pro Flächeneinheit	[kg/m²]
$M_{dep,adsorbierter\ Schadstoff}$	zurückgehaltene Schadstoffmenge pro Flächeneinheit	[kg/m²]
$M_{dep,fein}$	Sedimentmenge < 600 µm pro Flächeneinheit (bzgl. Schwermetallen: < 20 µm)	[kg/m²]
M_{ero}	Erosionskoeffizient	[kg/(m²·s)]
M_{GW}	Mächtigkeit des Grundwasserleiters	[m]
n_e	effektive Porosität	[-] ([m³/m³])
n_M	Manning-Beiwert	[s/m$^{1/3}$]
n_{mp}	Makroporenporosität	[-] ([m³/m³])
P	Gefährdung	[-]
P_D	Depositionswahrscheinlichkeit	[-]
p	Druck	[Pa]
q	spezifischer Fluss	[m/s]

Formelzeichen	Beschreibung	Einheit
q_{aqu}	spezifischer Fluss in den Aquifer	[m/s]
q_{inf}	spezifischer Fluss in die Deckschicht	[m/s]
q_m	spezifischer Fluss über die Bodenmatrix	[m/s]
q_{mp}	spezifischer Fluss über die Makroporen	[m/s]
Q	Volumenstrom	[m³/s]
Q_E	Entnahmerate eines Grundwasserbrunnens	[m³/s]
r_{mp}	Makroporenradius	[m]
R	Retardationsfaktor	[-]
Re	Reynoldszahl	[-]
R_h	hydraulischer Radius	[m]
Ri	Risiko	[-]
S	Schaden	[-]
t	Zeit	[s]
t_0	Zeitpunkt des Beginns eines Hochwasserereignisses	[d]
$t_{f,ende}$	Ende des Hochwasserereignisses	[d]
t_{fp1-3}	Beginn der Strömungsphase FP1-3	[d]
t_{gp1-n}	Beginn der Grundwasserneubildungsphasen	[d]
$t_{gp1-n,ende}$	Ende der Grundwasserneubildungsphasen	[d]
T_a	Stoffaufenthaltszeit	[s]
u	(Abstands-)Geschwindigkeit (= Fließgeschwindigkeit eines Gewässers)	[m/s]
u_*	Sohlschubspannungsgeschwindigkeit	[m/s]
$u_{*susp,crit}$	kritischer Wert der Sohlschubspannungsgeschwindigkeit für Suspension	[m/s]
u_t	Stofftransportgeschwindigkeit	[m/s]
V	Volumen	[m³]
V_{ret}	Volumen des Retentionsraums	[m³]
w_S	Sinkgeschwindigkeit von Schwebstoffen	[m/s]
x,y,z	Strecken: Länge, Breite, Höhe	[m]
x_{deich}	Entfernung eines Standorts zum landseitigen Deich	[m]
x_u	Abstand zum unteren Kulminationspunkt	[m]
y_b	Breite des Einzugsgebietes	[m]
z_{dep}	lokale Ablagerungsdicke von Sedimenten	[mm]
z_{gok}	Lage der Geländeoberkante	[m]
Δ	zeitliche oder räumliche Differenz (z. B. Δx, Δt)	
κ	von-Kármán-Konstante	[-]
λ	Stoffabbaurate	[1/s]
ν	kinematische Viskosität	[m²/s]

Formelzeichen	Beschreibung	Einheit
θ	volumetrischer Wassergehalt	[-] ([m³/m³])
ρ_b	Lagerungsdichte des Bodens	[kg/m³]
ρ_s	Dichte eines Schwebstoffpartikels	[kg/m³]
ρ_w	Dichte des Wassers	[kg/m³]
τ_0	Sohlschubspannung	[N/m²]
τ_{crit}	kritische Sohlschubspannung für Erosion	[N/m²]
Φ_{dep}	Depositionsrate	[kg/(m²·s)]
Φ_{ero}	Erosionsrate	[kg/(m²·s)]

Verzeichnis der Abkürzungen

CAS	„Chemical Abstracts Service" Nummer
EU-WRRL	Wasserrahmenrichtlinie der Europäischen Union
FP1, FP2, FP3	Bodenwasserströmungsphasen
GP1, GP2, …	Grundwasserneubildungsphasen
HCB	Hexachlorbenzol
PAK	Polyzyklische Aromatische Kohlenwasserstoffe
PCBs	Polychlorierte Biphenyle
PCDDs	Dioxine
PCDFs	Furane
TCDD	2,3,7,8-Tetrachloro-dibenzo-p-dioxin („Seveso-Dioxin")
TEQ	Toxizitätsäquivalent
TOC	Gesamter organischer Kohlenstoff („Total Organic Carbon")
WHO	Weltgesundheitsorganisation (World Health Organization)

1 Einführung

1.1 Veranlassung

Die Verfügbarkeit von Trinkwasser in ausreichender Menge und Qualität ist für den Menschen lebensnotwendig. Sauberes Trinkwasser ist durch keine alternative Ressource ersetzbar. Der Bereitstellung einer sicheren und nachhaltigen Trinkwasserversorgung ist daher höchste Priorität einzuräumen. Grundwasser ist dabei in vielen Regionen, auch in Deutschland und in der Europäischen Union, eine der Hauptquellen für die öffentliche Trinkwasserversorgung. Grundwasser, das für die Trinkwasserentnahme genutzt wird oder für eine solche zukünftige Nutzung vorgesehen ist, ist infolgedessen laut EU-Grundwasserrichtlinie (EU-GWRL 2006) so zu schützen, dass eine Verschlechterung der Grundwasserqualität verhindert wird. Die Grundwasserkörper in den porösen Sedimenten von Talauen sind häufig für die Trinkwassergewinnung gut geeignet und werden daher in vielen Regionen entsprechend genutzt.

Zur Verbesserung des vorbeugenden Hochwasserschutzes müssen andererseits in den Talauen vieler Fließgewässer Hochwasserrückhalteräume geschaffen werden. In den letzten Jahrzehnten sind die Risiken großer wirtschaftlicher und kultureller Schäden durch extreme Hochwasserereignisse in Fließgewässern stark gestiegen. Wesentliche Faktoren hierfür sind die durchgeführten Ausbaumaßnahmen an Fließgewässern, die zunehmende Besiedelung von hochwassergefährdeten Standorten und die zunehmende Häufung extremer Witterungsverhältnisse in Zusammenhang mit der globalen Erwärmung. Um den steigenden Risiken entgegenzuwirken, hat die deutsche Bundesregierung im Jahr 2002 ein 5-Punkte-Programm entwickelt, das auch die Schaffung von natürlichen Überschwemmungsflächen und steuerbaren Entlastungspoldern beinhaltet.

Damit stellen viele Talauen eine unverzichtbare Ressource für zwei gleichermaßen vorrangig zu handhabende Aspekte der öffentlichen Daseinsvorsorge, Trinkwasserversorgung und Hochwasserschutz, dar. Sie bieten einerseits die notwendige Fläche zur Schaffung von Überflutungsräumen und andererseits Grundwasser in geeigneter Menge und Qualität zur Versorgung der lokalen Bevölkerung mit Trinkwasser. Wasserversorger sehen die Einrichtung von Retentionsräumen in der Nähe ihrer Wassergewinnungsanlagen mit Sorge. Sie erwarten dadurch ein höheres Risiko der Verunreinigung der Grundwasserressourcen durch den Eintrag von Schadstoffen und Mikroorganismen über das eingestaute Flusswasser und die hiermit transportierten Schwebstoffe sowie durch Schadensereignisse, welche gerade im Zusammenhang mit extremen Hochwasserereignissen zu befürchten sind. Ein daraus resultierender Nutzungskonflikt kann nur gelöst werden, wenn ein umfassendes Verständnis aller relevanten Prozesse vorliegt, und die Situation für jeden konkret bestehenden Fall individuell untersucht und bewertet wird.

1.2 Multibarrierenprinzip

Um bewerten zu können, ob und in welchem Maß die Beschaffenheit des Grundwassers an den Entnahmebrunnen eines Wasserwerks durch den Betrieb eines Retentionsraums beeinflusst werden könnte, muss der vollständige Transportpfad von (Schad-)Stoffen von der fließenden Welle bis in die Entnahmebrunnen betrachtet werden. Zur besseren Darstellung wird der Transportvorgang in drei Phasen unterteilt, die in drei aneinander angrenzenden Kompartimenten stattfinden:

- Die erste Phase umfasst den Stofftransport in den Retentionsraum und innerhalb des Retentionsraums.

- Die zweite Phase umfasst die Transportprozesse in der Bodenzone des Retentionsraums.

- Die dritte Phase umfasst die Transportprozesse im Grundwasserleiter zwischen Retentionsraum und Entnahmebrunnen.

Eine schematische Darstellung des gesamten Transportpfades mit den drei Phasen zeigt Abbildung 1-1.

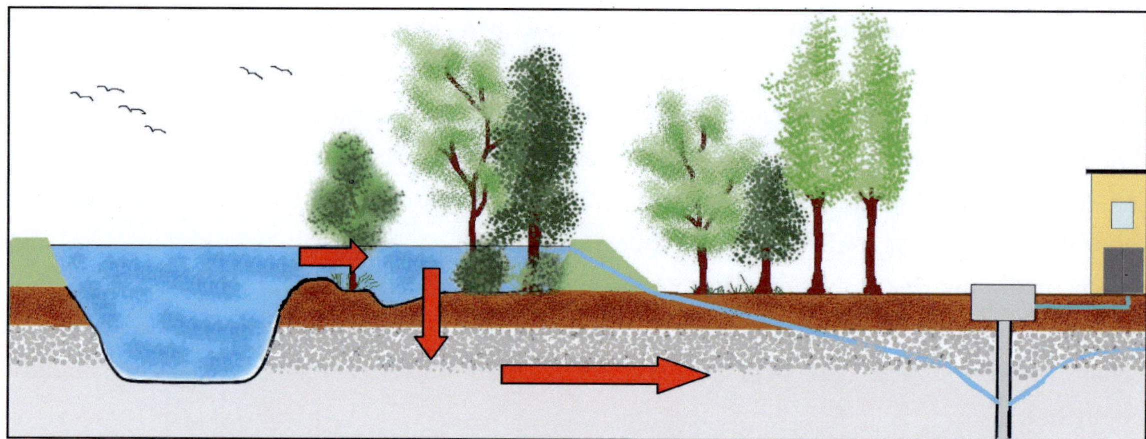

Abbildung 1-1: Schematische Darstellung des Transportpfades von der fließenden Welle über einen Retentionsraum bis in die Entnahmebrunnen eines Wasserwerks.

In jedem der drei Kompartimente können durch die dort natürlich stattfindenden Prozesse die Konzentrationen bestimmter Substanzen im Entnahmebrunnen des Wasserwerks im Vergleich zur Ausgangskonzentration im Fließgewässer vermindert werden. Daher kann jede der Phasen des Transportpfades eine Barrierewirkung für den Transport von Stoffen besitzen. Infolgedessen wird der gesamte Transportpfad nachfolgend als Multi-Barrieren-System verstanden. Die Barrierewirkungen sind generell durch die Strömungs- und Transportprozesse von Schwebstoffen sowie gelösten Stoffen bestimmt.

Die erste Barriere umfasst das Kompartiment zwischen der fließenden Welle und der Bodenzone des Retentionsraumes. Sie wirkt auf den Eintrag von Verunreinigungen in den Retentionsraum. Ihre Wirkung auf die Konzentration von schwebstoffgebundenen Verunreinigungen wird primär durch die komplexen Sedimentationsprozesse bestimmt, die u. a. von den Strömungsverhältnissen im Retentionsraum abhängen. Nur die mit den Schwebstoffen sedimentierten Verunreinigungen stehen für einen nachfolgenden Transport durch die Bodenzone zur Verfügung. Die Barrierewirkung für schwebstoffgebundene Verunreinigungen ist daher umso stärker, je weniger Schwebstoffe im Retentionsraum sedimentieren, sondern mit dem ablaufenden Hochwasser wieder aus dem Retentionsraum transportiert werden. Bezüglich der Konzentration gelöster Verunreinigungen besteht in diesem Kompartiment im Allgemeinen keine natürliche Barrierewirkung.

Die zweite Barriere stellt den Durchgang durch die Bodenzone dar. Sie umfasst das Kompartiment zwischen der Geländeoberkante und der Grundwasseroberfläche. Ihre natürliche Barrierewirkung beruht zum einen auf der Begrenzung des Volumenstroms des von der Geländeoberkante ins Grundwasser infiltrierenden Wassers. Zum andern werden Schwebstoffe und gelöste Verunreinigungen im Sickerwasser an der Bodenmatrix zurückgehalten. Weiterhin finden in der Bodenzone mikrobiologische und geochemische Umsetzungsprozesse statt, wodurch die Stofffracht auf dem Weg zum Grundwasserleiter verringert werden kann. Eine hohe Barrierewirkung ergibt sich daher für wenig durchsickerte Bodenzonen und für gut abbaubare oder ad- und absorbierbare Verunreinigungen, insbesondere bei Bodenzonen mit hoher Sorptionskapazität (z. B. hoher Gehalt an organischem Material) und großer Mächtigkeit.

Die dritte Barriere beruht auf dem Stofftransport im Grundwasserleiter. Sie umfasst das Kompartiment zwischen der Bodenzone und den Entnahmebrunnen des Wasserwerks. In erster Linie beruht ihre Wirkung auf den Strömungsverhältnissen im Grundwasser, die u. a. durch die Lage von Retentionsraum und Wasserwerk zueinander bestimmt sind. Bei günstigen Strömungsverhältnissen werden selbst bei räumlicher Nähe dieser Anlagen keine Verunreinigungen, die aus dem Retentionsraum ins Grundwasser eingetragen werden, in die Entnahmebrunnen gelangen. Weiterhin finden im Grundwasserstrom Verdünnungsprozesse statt, die in der Regel zu einer signifikanten Reduzierung der Konzentrationen von Verunreinigungen im Wasserwerk führen. Eine weitere Verringerung der Konzentrationen findet unter entsprechenden Bedingungen auch im Grundwasser durch Retardation und Abbau statt.

Um die Auswirkungen eines Hochwassers auf eine naturnahe und sichere Trinkwasserversorgung abschätzen zu können, ist die Wirksamkeit der einzelnen Barrieren zu erkunden und in ihrem Zusammenspiel zu bewerten (KÜHLERS et al. 2009). Darauf aufbauend sind Möglichkeiten zur Optimierung der Wirkung der einzelnen Barrieren unter Berücksichtigung der lokalen Randbedingungen zu entwickeln.

1.3 Zielsetzung

Der vorliegende Leitfaden soll einen Beitrag dazu leisten, konkret vorliegende Nutzungskonflikte bezüglich Hochwasserrückhaltung und Trinkwassergewinnung zu erkennen, abzuschätzen und möglichst zu vermeiden oder zumindest zu minimieren. Er richtet sich in erster Linie an Beschäftigte der Wasserwirtschaft in den Bereichen Gewässerbewirtschaftung oder Trinkwassergewinnung, die sich mit der Planung eines Retentionsraums in der Nähe eines Wasserwerks oder mit der Planung eines Wasserwerks in der Nähe eines Retentionsraums befassen oder eine solche Planung bewerten sollen. Weiterhin kann der Leitfaden auch für alle von Interesse sein, die sich mit der Planung eines Retentionsraums oder mit der Planung eines Wasserwerks in der Nähe eines Fließgewässers beschäftigen. Beispielhaft und keineswegs abschließend sollen als Zielgruppe Betreiber von Retentionsräumen, Überwachungsbehörden der Wasserwirtschaft, Wasserwerksbetreiber und Ingenieurbüros genannt werden.

Die in den drei angeführten Barrieren für den Stofftransport jeweils maßgeblichen Prozesse werden vorgestellt. Darauf aufbauend wird eine Charakterisierung der jeweiligen Barriere im Sinne einer Übersicht über ihre integrale Wirkung entwickelt. Dazu gehört beispielsweise auch die Diskussion der Parameter, die die Wirksamkeit der Barriere maßgeblich bestimmen.

Weiterhin wird behandelt, wie die wesentlichen Eigenschaften der Barrieren an einem konkreten Standort durch Messungen erfasst werden können und wie die Wirksamkeit der einzelnen Barrieren abgeschätzt werden kann, beispielsweise mit Hilfe von numerischen Strömungs- und Transportsimulationen.

Abschließend werden Hinweise gegeben, wie das Multi-Barrierensystem gestärkt und damit der Nutzungskonflikt gemindert werden kann. Bei der Erwägung möglicher Maßnahmen ist zu berücksichtigen, dass in einem Raum, in dem ein Nutzungskonflikt bezüglich Hochwasserrückhaltung und Trinkwassergewinnung vorliegt, auch weitere Nutzungen bzw. Interessen, beispielsweise des Naturschutzes, der Wohnbevölkerung, der Landwirtschaft, der Forstwirtschaft, der Naherholung, des Verkehrswegenetzes oder der Kultur- und Sachgüter, einzubeziehen sind. Mögliche Interessenskonflikte mit diesen weiteren Nutzungen sind jedoch nicht Bestandteil dieses Leitfadens. Die vorgeschlagenen Maßnahmen können daher nicht pauschal angewendet werden. Es muss einerseits geprüft werden, ob sie unter den am jeweiligen Standort gegebenen Randbedingungen wirksam sind, und andererseits abgewogen werden, ob sie unter Berücksichtigung aller vorhandenen Interessen vertretbar sind.

Da ein auftretender Nutzungskonflikt zwischen Hochwasserrückhaltung und Trinkwassergewinnung im konkreten Einzelfall immer standortbezogene Besonderheiten aufweisen wird, kann der vorliegende Leitfaden keine starre Handlungsanweisung geben, deren Abarbeitung eine Minderung des Konfliktes garantiert. Stattdessen soll mit Hilfe des Leitfadens das Verständnis zur Verfügung gestellt werden, auf dessen Basis eine angepasste Vorgehensweise entwickelt werden kann. Die vorgeschlagenen Maßnahmen zur Erfassung der Ist-Situation und zur Minderung des Konfliktes erheben keinen Anspruch auf Vollständigkeit, sondern sollen beispielhaft geeignete Vorgehensweisen aufzeigen.

2 Grundlagen der Strömung und des Stofftransports in der Wasserphase

Obwohl sich die dem Schadstofftransport zugrunde liegenden Prozesse in den drei für diesen Leitfaden maßgeblichen Kompartimenten (Abbildung 1-1) wesentlich voneinander unterscheiden, beruhen sie teilweise auf den gleichen physikalischen Grundlagen. Diese werden nachfolgend vorab vorgestellt.

2.1 Strömung des Wassers

2.1.1 Das hydraulische Potential

Die treibende Kraft für die Strömung des Wassers ergibt sich aus seinem Energieinhalt. Der Energieinhalt E_{ges} [J] einer gegebenen Masse Wasser setzt sich aus mechanischer Sicht zusammen aus ihrer Lageenergie E_h [J], der in ihr als hydrostatischer Druck gespeicherten Energie E_p [J] und ihrer kinetischen Energie E_k [J].

$$E_{ges} = E_h + E_p + E_k = m \cdot g \cdot z + p \cdot V + \frac{1}{2} \cdot m \cdot u^2 \qquad (2.1)$$

In der Hydromechanik wird der Energieinhalt des Wassers auf die Gewichtskraft des Wassers F_G [N] bezogen, wodurch sich das hydraulische Potential H [m] ergibt, das der Höhe einer entsprechenden Wassersäule entspricht. Das hydraulische Potential setzt sich entsprechend seiner Herleitung aus dem Lage- bzw. Gravitationspotential H_h [m], dem Druckpotential H_p [m] und dem kinetischen Potential H_k [m] zusammen.

$$H = \frac{E_{ges}}{F_G} = \frac{E_{ges}}{m \cdot g} = H_h + H_p + H_k = z + \frac{p}{\rho \cdot g} + \frac{u^2}{2 \cdot g} \qquad (2.2)$$

In porösen Medien strömt das Wasser verhältnismäßig langsam, so dass dort die kinetische Energie bzw. das kinetische Potential bei der Berechnung des hydraulischen Potentials in der Regel vernachlässigt werden kann.

Wasser fließt immer von einem Ort höheren Potentials zu einem Ort niedrigeren Potentials, wobei es die der Potentialdifferenz entsprechende Energie (vor allem durch Reibung als Wärme) abgibt.

2.1.2 Strömung im Fließgewässer

In einem Fließgewässer ist seine mittlere Fließgeschwindigkeit u [m/s] gleich dem spezifischen Durchfluss q [m/s] als Quotient aus Abfluss Q [m³/s] und durchströmtem Querschnitt A [m²] des Gewässers.

$$u = q = \frac{Q}{A} \tag{2.3}$$

Entsprechend der **allgemeinen Fließformel** (DE CHEZY 1755) ist die mittlere Fließgeschwindigkeit u bei Freispiegelabflussverhältnissen unter gleichförmigen und stationären Bedingungen proportional zur Wurzel des Gefälles I [-] des hydraulischen Potentials und zur Wurzel des hydraulischen Radius R_h [m]. Der Proportionalitätsfaktor c [m⁰·⁵/s] wird Geschwindigkeitsbeiwert genannt.

$$u = c \cdot \sqrt{R_h} \cdot \sqrt{I} \tag{2.4}$$

Zur Bestimmung des Geschwindigkeitsbeiwertes c definierten Manning und Strickler unabhängig voneinander die nachfolgende Beziehung, die den empirisch zu bestimmenden **Strickler-Beiwert** k_{ST} [m$^{1/3}$/s], bzw. seinen Kehrwert, den **Manning-Beiwert** n_M [s/m$^{1/3}$] enthält.

$$c = k_{ST} \cdot R_h^{1/6} = \frac{1}{n_M} \cdot r_{hy}^{1/6} \tag{2.5}$$

Der in der deutschen Literatur häufiger verwendete Strickler-Beiwert k_{ST} bzw. der in der englischen Literatur häufiger verwendete Manning-Beiwert n_M ist ein hydraulisch äquivalentes Rauheitsmaß, das im Wesentlichen durch die Oberflächenstruktur, den Mäandrierungsgrad und die Häufigkeit der Änderungen des Querschnittes des Gerinnes bestimmt wird. Der Beiwert kann nicht durch eine direkte Messung erfasst werden, sondern muss durch Kalibierung bestimmt werden, indem berechnete Wasserspiegellagen mit gemessenen Wasserspiegellagen verglichen werden. Aufgrund der vielfachen Verwendung des Strickler- bzw. Manning-Beiwertes gibt es mittlerweile Verfahren und Tabellen, mit denen der Beiwert für ein Gewässer abgeschätzt werden kann.

Durch Einsetzen der in Gleichung (2.5) beschriebenen Beziehung in die allgemeine Fließformel (2.4) erhält man die **Fließformel nach Manning-Strickler**.

$$u = k_{ST} \cdot R_h^{2/3} \cdot \sqrt{I} \tag{2.6}$$

Die Verwendung dieser Fließformel hat gegenüber anderen Verfahren den Vorteil, dass sich der verwendete Beiwert nicht mit dem Durchfluss bzw. der davon abhängigen Wassertiefe ändert.

2.1.3 Strömung in porösen Medien

Die Strömung von Wasser in der ungesättigten Bodenzone und im Grundwasserleiter lässt sich gleichermaßen als Strömung von Wasser in porösen Medien beschreiben. Diese wird als laminar, also in geordneten Schichten ohne Verwirbelungen oder Querströmungen, angesehen. Die Geschwindigkeit des Wassers in porösen Medien wird durch das **Gesetz von Darcy** beschrieben. Das Gesetz besagt, dass der Wasser-Volumenstrom Q [m³/s], der das poröse Medium durchströmt, proportional zum durchströmten Querschnitt A [m²] und zur Höhe des Gefälles I [-] des hydraulischen Potentials (Differenz des hydraulischen Potentials an zwei Orten geteilt durch die dazwischen liegende Wegstecke) ist. Der zugehörige Proportionalitätsfaktor k [m/s] wird hydraulische Leitfähigkeit oder Durchlässigkeitsbeiwert genannt. In ihm sind die hydraulischen Eigenschaften des Bodens, des durchströmenden Fluids und der Gravitation zusammengefasst.

$$Q = k \cdot A \cdot I \qquad\qquad (2.7)$$

Der **spezifische Fluss** q [m/s] als Quotienten aus Durchfluss Q und durchströmtem Querschnitt A wird aufgrund seiner Dimension in porösen Medien auch als Filtergeschwindigkeit bezeichnet, beschreibt aber einen Volumenstrom bezogen auf einen Querschnitt [m³/(m²*s)]. Die Filtergeschwindigkeit sagt daher nichts darüber aus, wie lange das Wasser von einem Ort zu einem anderen benötigt.

$$q = \frac{Q}{A} = k \cdot I \qquad\qquad (2.8)$$

Im porösen Medium hat das Wasser nicht den gesamten Querschnitt des Mediums für die Strömung zur Verfügung, sondern nur einen Teil des Porenraums. Nicht zur Verfügung steht die Fläche des Korngerüstes sowie die Fläche der Poren, die nicht durchströmt werden können, weil sie nur auf einer Seite offen sind, weil sie zu klein sind oder weil sie nicht wassergefüllt sind. Der für die Strömung verfügbare Porenraum wird als **effektiver Porenraum** n_e [-] bezeichnet.

Die **Abstandsgeschwindigkeit** u [m/s] ist die mittlere Geschwindigkeit, mit der sich das Wasser in einem porösen Medium von einem Ort zu einem anderen Ort bewegt. Sie kann berechnet werden, indem der spezifische Fluss q durch den effektiven Porenraum n_e geteilt wird.

$$u = \frac{q}{n_e} \qquad\qquad (2.9)$$

Je kleiner der effektive Porenraum, desto größer wird folglich die Abstandsgeschwindigkeit. Allerdings nimmt mit kleiner werdender effektiver Porosität im Allgemeinen auch die hydraulische Durchlässigkeit des Mediums ab, wodurch auch der spezifische Fluss und die Abstandsgeschwindigkeit abnehmen.

2.2 Stofftransport in der Wasserphase

2.2.1 Advektion und Diffusion

Die beiden wesentlichen Mechanismen des Stofftransports sind die Advektion, d. h. eine Translation mit der Hauptströmung, und die Diffusion, ein Durchmischungsprozess. In Abbildung 1-1 sind die Auswirkungen dieser Prozesse auf einen dem Wasser zugegebenen Farbpunkt (Tracer) schematisch dargestellt.

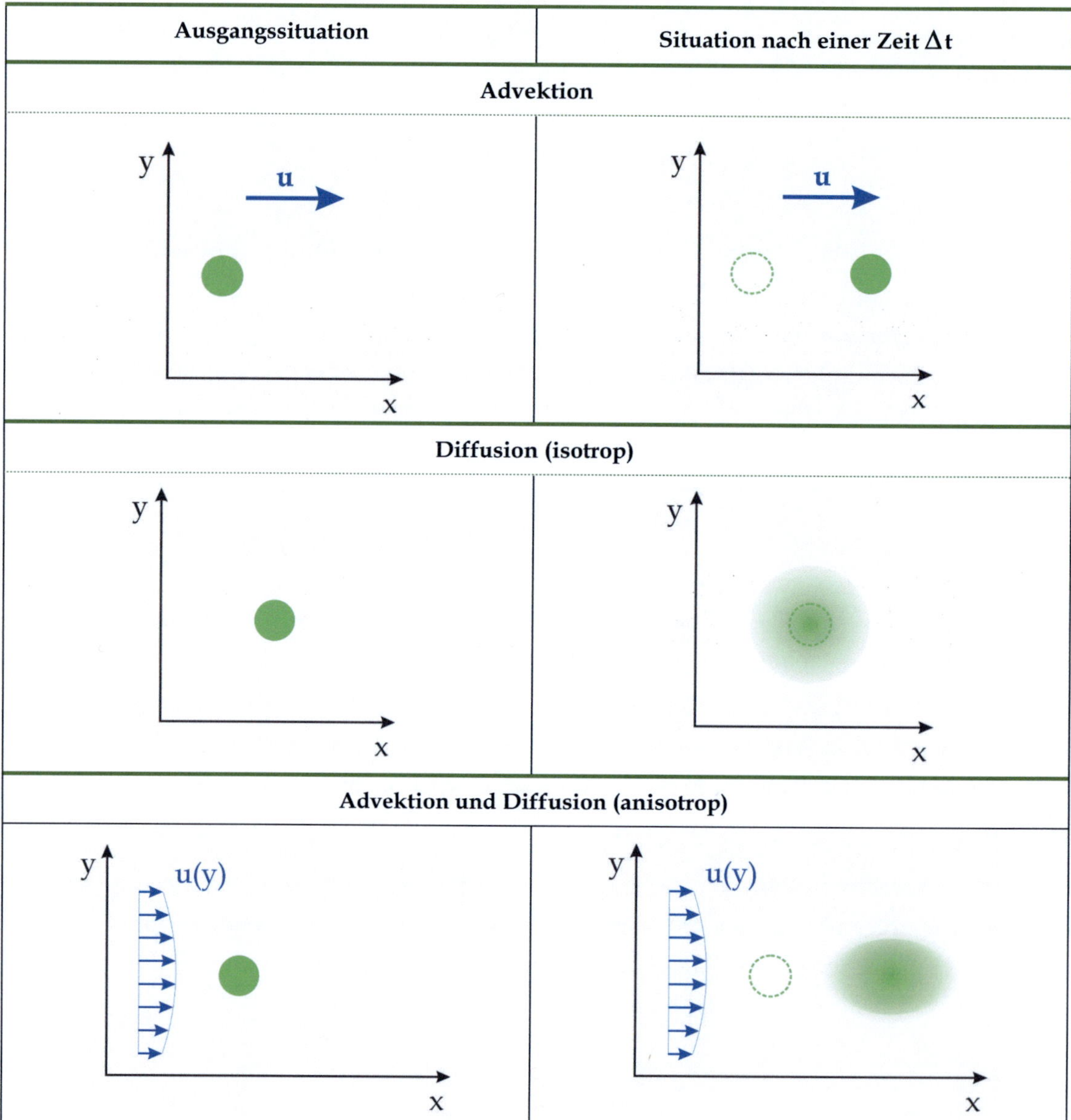

Abbildung 2-1: Schematische Darstellung der Transportmechanismen Advektion und Diffusion.

Durch die **Advektion** mit der Abstandsgeschwindigkeit u wird der Farbpunkt innerhalb einer Zeit Δt um eine Strecke $u \cdot \Delta t$ verschoben, ohne dabei seine Form oder Intensität bzw. Konzentration zu verändern. Dieser Prozess bewirkt in der Regel den überwiegenden Transport eines Stoffes in Fließrichtung.

Der advektive Transport eines Stoffes bewirkt einen spezifischen Massenstrom j [kg/(m²·s)] (Verlagerung einer Stoffmasse pro Zeit durch eine Kontrollfläche), der als Produkt der Konzentration C [kg/m³] des Stoffes und des spezifischen Flusses q [m/s] der zugrunde liegenden Strömung berechnet werden kann.

$$j = q \cdot C \qquad\qquad (2.10)$$

Die **Diffusion** ist für die Durchmischung des Gewässers verantwortlich. Diese Durchmischung wird durch unterschiedliche Mechanismen hervorgerufen:

- o Die **molekulare Diffusion** erzeugt durch die thermische Eigenbewegung der Moleküle einen Stofftransport ohne äußere Energiezufuhr, wenn ein Konzentrationsgradient vorhanden ist. Der Stofftransport erfolgt von Bereichen mit hoher Konzentration hin zu Bereichen mit niedriger Konzentration. Ein zugegebener Farbpunkt wird allmählich größer, die Ränder verwischen sich und der Maximalwert der Konzentration nimmt ab. Die molekulare Diffusion wirkt isotrop, d.h. sie ist bezüglich jeder Raumrichtung gleich groß. Die Geschwindigkeit des Prozesses hängt von Stoff und Medium ab, generell ist die molekulare Diffusion jedoch ein vergleichsweise langsamer Prozess.

- o Die turbulenten Wirbel einer Strömung verursachen ebenfalls einen Durchmischungsprozess, der in Analogie zur molekularen Diffusion **turbulente Diffusion** genannt wird. Der Stofftransport wird hier nicht durch die Stoffeigenschaften, sondern durch die Charakteristika der Strömung bestimmt. Dadurch ist die turbulente Diffusion anisotrop, d.h. in Abhängigkeit von der mittleren Strömungsrichtung bezüglich der verschiedenen Raumrichtungen unterschiedlich stark. Die turbulente Diffusion verursacht in Fließgewässern eine sehr viel stärkere Durchmischung als die molekulare Diffusion, weshalb die molekulare Diffusion hier häufig vernachlässigt wird. In porösen Medien findet aufgrund des laminaren Strömens keine turbulente Diffusion statt.

- o Die räumliche Variation der zeitlich gemittelten Strömungsgeschwindigkeit (z. B. hohe Fließgeschwindigkeiten in der Mitte eines Gerinnes oder eines Hohlraums im porösen Medium, niedrige Fließgeschwindigkeiten am Rand) verursacht eine zusätzliche Durchmischung, die **Dispersion** genannt wird. Die Dispersion ist ebenfalls anisotrop, sie bewirkt in Richtung der mittleren Strömung eine wesentlich stärkere Durchmischung als quer zur mittleren Strömung.

Allen Mechanismen der Diffusion ist gemeinsam, dass der resultierende Stofftransport mit dem 1. Fick'schen Gesetz beschrieben werden kann. Der resultierende spezifische Massenstrom j [kg/(m²·s)] erfolgt entgegen dem (ansteigenden) Konzentrationsgradienten ($\Delta C / \Delta x$) [kg/m⁴] und ist direkt proportional zu diesem Konzentrationsgradienten. Der Proportionalitätsfaktor D [m²/s] heißt Diffusionskoeffizient bzw. Dispersionskoeffizient. Die anzusetzenden Koeffizienten, auch der molekularen Diffusion, sind in porösen Medien auch von den Eigenschaften der Kornmatrix abhängig.

$$j = -D \cdot \frac{\Delta C}{\Delta x} \qquad (2.11)$$

Die diffusiven Prozesse bewirken im Lauf der Zeit eine Abnahme der maximalen Stoffkonzentration.

2.2.2 Sorption und Retardation

Gelöst im Wasser vorliegende Stoffe können durch **Sorptionsprozesse** an die Oberfläche eines Feststoffs (z.B. Schwebstoff im Fließgewässer, Matrix des porösen Mediums) gebunden werden. Die Mechanismen, die zur Anlagerung der Stoffe führen, können sehr unterschiedlich sein. Sie reichen von schwachen elektrostatischen Wechselwirkungen bis hin zu stabilen chemischen Verbindungen.

Solange keine chemischen Reaktionen ablaufen, ist die Sorption in der Regel ein reversibler Prozess, das heißt der sorbierte Stoff kann wieder von der Feststoffphase in die Wasserphase desorbieren. Dabei wird ein thermodynamisches Gleichgewicht zwischen der Konzentration des in der Wasserphase gelösten und der Konzentration des an der Feststoffphase sorbierten Stoffes angenommen. Das Verhältnis von sorbierter Stoffkonzentration C_s [-] zu gelöster Stoffkonzentration C_l [kg/m³] definiert den Verteilungskoeffizienten K_d [m³/kg].

$$K_d = \frac{C_s}{C_l} \qquad (2.12)$$

Die Funktion der Konzentration C_s [-] in Abhängigkeit von der Konzentration C_l bei konstanter Temperatur wird Sorptionsisotherme genannt. Häufig kann der Koeffizient K_d als konstant angenommen werden, so dass sich eine lineare Sorptionsisotherme ergibt.

Neben dem linearen Zusammenhang zwischen C_l und C_s wurden auch Sorptionsisothermen beschrieben, die nichtlineare Beziehungen berücksichtigen, wie sie z. B. durch die Begrenzung der verfügbaren Sorptionsplätze entstehen können (APPELO & POSTMA 2005). Der Sorptionsvorgang selbst kann zudem durch zeitabhängige (kinetische) Reaktionsprozesse kontrolliert werden, bei denen der Übergang von der Wasserphase auf die Feststoffphase z. B. durch die Überwindung einer Diffusionsstrecke gehemmt ist (GRATHWOHL 1998).

Im Verteilungskoeffizienten K_d sind die Eigenschaften des betrachteten Stoffes, des Fluids und des Feststoffs zusammengefasst. Beispielsweise hängt die Sorption von gelösten organischen Stoffen vom Anteil organischer Substanz im Feststoff ab. Dadurch kann der lineare Verteilungskoeffizient für einen organischen Stoff zur Sorption aus der Wasserphase an die Matrix eines Sediments über den stoffspezifischen Verteilungskoeffizienten K_{oc} [m³/kg] (zur Sorption an organisches Material) und den Anteil an organischem Kohlenstoff im Sediment C_{TOC} [-] erfolgen:

$$K_d = K_{oc} \cdot C_{TOC}$$ (2.13)

Der K_{oc}-Wert kann aus dem Oktanol-Wasser Verteilungskoeffizienten K_{ow} [-] eines Stoffes bestimmt werden. Hierfür liegt eine Reihe von Untersuchungen vor, in denen zum Teil allgemeine, aber auch stoffklassenspezifische Herleitungen des K_{oc} Wertes durchgeführt wurden. Eine Zusammenstellung dieser Werte findet sich z. B. in APPELO & POSTMA (2005).

Im porösen Medium führen die Sorptionsprozesse in Summe zu einer **Retardation** der gelösten Stoffe, so dass sie langsamer transportiert werden als das Wasser selbst fließt. Unter Vernachlässigung des dispersiven Transports kann die Transportgeschwindigkeit u_t [m/s] eines Stoffs mit Hilfe der Abstandsgeschwindigkeit u [m/s] und einem Retardationskoeffizienten R [-] berechnet werden:

$$u_t = \frac{u}{R}$$ (2.14)

2.2.3 Stoffabbau

Gelöste und sorbierte Stoffe können durch chemische oder mikrobiologische Prozesse einem Abbau unterliegen. Hierbei werden die Ausgangsstoffe in andere Stoffe umgewandelt, deren Reaktions- und Transporteigenschaften sich z.T. deutlich von den Eigenschaften der Ausgangsstoffe unterscheiden können. Häufig ist die Abbaurate linear von der Stoffkonzentration abhängig, so dass die Zeit, in der eine bestimmte Konzentration zur Hälfte abgebaut wird, konstant ist. Man spricht dann von einer Abbaureaktion erster Ordnung:

$$C = C_0 \cdot e^{-\lambda t}$$ (2.15)

Hierbei ist λ [1/s] die Stoffabbaurate und C_0 die Ausgangkonzentration des Stoffes zum Zeitpunkt t=0. Neben der Abbaureaktion 1. Ordnung wurden eine Reihe von anderen Reaktionsbeschreibungen entwickelt, die andere Reaktionsordnungen verwenden (0. bis n. Ordnung) oder Stoffwechselprozesse und Populationsänderungen von Mikroorganismen bei mikrobiologisch kontrollierten Abbauvorgängen berücksichtigen (APPELO & POSTMA 2005).

3 Schadstoffe

Schadstoffe können grundsätzlich geogenen, biogenen oder anthropogenen Ursprungs sein. BAUM (1998) definiert Schadstoff allgemein als einen „medienunspezifischen Bestandteil, der oberhalb einer Schwellenkonzentration, -dosis oder -rate in oder an einem Objekt Wirkungen hervorruft", wobei hier die schadhafte Wirkung von Relevanz ist. Die Bundes-Bodenschutz- und Altlastenverordnung (BBodSchV 1999) definiert Schadstoffe bodenschutzspezifisch als „Stoffe und Zubereitungen, die aufgrund ihrer Gesundheitsschädlichkeit, ihrer Langlebigkeit oder Bioverfügbarkeit im Boden oder aufgrund anderer Eigenschaften und ihrer Konzentration geeignet sind, den Boden in seinen Funktionen zu schädigen oder sonstige Gefahren hervorzu- rufen". In diesem Leitfaden werden Substanzen mit einer potenziell schadhaften Wirkung für Mensch und Umwelt als Schadstoffe bezeichnet. Die Gefährdung von Bauwerken oder anderen Sachgütern wird nicht weiter betrachtet.

3.1 Schadstoffe aus Sicht des Gewässerschutzes

Ein „nichterschöpfendes Verzeichnis der wichtigsten Schadstoffe" ist in der EU- Wasserrahmenrichtlinie (EU-WRRL 2000) enthalten. Zur Beurteilung des chemischen Zustands eines Gewässers werden entsprechend der Richtlinie so genannte „prioritär gefährliche Stoffe" herangezogen. Als „gefährlich" werden solche Stoffe oder Gruppen von Stoffen definiert, „die toxisch, persistent und bioakkumulierbar sind, und sonstige Stoffe oder Gruppen von Stoffen, die in ähnlichem Maße Anlass zu Besorgnis geben". Eine Einteilung der prioritären Stoffe nach der EU-WRRL ist in Tabelle 3-1 dargestellt. Die aktuelle Einteilung ist durch die Richtlinie 2008/105/EG (2008) über Umweltqualitätsnormen in der Wasserpolitik (Prioritäre Stoffe) defi- niert und enthält auch eine Anzahl von Stoffen, die noch hinsichtlich ihrer Identifikation über- prüft werden müssen.

Die Relevanz der einzelnen prioritären Stoffe für die Gewässer in Deutschland ist nach einer vom Bundesministerium für Umwelt, Naturschutz und Reaktorsicherheit in Auftrag gegebenen Studie allerdings sehr unterschiedlich (BMU 2008). Für ein betrachtetes Gewässer müssen aus der aktuellen Situation und der Historie der Gewässernutzung und des Einzugsgebiets die re- levanten Stoffe bzw. Stoffgruppen identifiziert werden. Für die Beurteilung eines Stoffes oder einer Stoffgruppe sind die folgenden Aspekte wesentlich:

o   die Risiken für das aquatische Ökosystem und die Gesundheit des Menschen

o   die physikalisch-chemischen Eigenschaften und biologische Abbaubarkeit des Stoffes

o   die tatsächliche Verbreitung und das Verhalten in der Umwelt

Tabelle 3-1: Einteilung der prioritären Stoffe nach EU-WRRL (2008).

Prioritär gefährliche Stoffe	Zu überprüfende Stoffe	Prioritäre Stoffe, die nicht als prioritär gefährliche Stoffe eingestuft werden
Anthracen	AMPA	Alachlor
Bromierte Diphenylether	Bentazon	Atrazin
C_{10-13}-Chloralkane	Bisphenol A	Benzol
Cadmium und Cadmiumverbindungen	Dicofol	Blei und Bleiverbindungen
Endosulfan	EDTA	Chlorfenvinphos
Hexachlorbenzol	Freies Zyanid	Chlorpyrifos
Hexachlorbutadien	Glyphosat	1,2-Dichlorethan
Hexachlorcyclohexan	Mecoprop (MCPP)	Dichlormethan
Nonylphenole	Moschus-Xylen	Diethylhexylphthalate (DEHP)
Pentachlorbenzol	Perfluoroktansulfonsäure (PFOS)	Diuron
Polyzyklische aromatische Kohlenwasserstoffe (PAK)	Quinoxyfen	Fluoranthen
Quecksilber und Quecksilberverbindungen	Dioxine	Isoproturon
Tributylzinnverbindungen	PCB	Naphthalin
		Nickel und Nickelverbindungen
		Octylphenole
		Pentachlorphenol
		Simazin
		Trichlorbenzole
		Trichlormethan
		Trifluralin

Zwar konnte in den letzten Jahren gezeigt werden, dass die Gewässerbelastungen insgesamt rückläufig sind, allerdings gilt es zu beachten, dass diese Bewertungen nur unter Berücksichtigung der prioritären Stoffe erfolgten. Neuere und zum Teil relevantere Schadstoffe finden häufig keine (ausreichende) Beachtung, müssen in einer umfassenden und zeitgemäßen Bewertung jedoch berücksichtigt werden (HOLLERT 2007).

3.2 Schadstoffe aus Sicht der Trinkwasserversorgung

Aus Sicht der Trinkwasserversorgung werden Schadstoffe nach ihrer Entfernbarkeit bzw. ihrem Verhalten bei der Trinkwasseraufbereitung eingestuft. Hierbei wird in **„wasserwerksrelevante"** **Stoffe** (gelangen z. B. aus einem Vorfluter trotz einer vorangehenden Uferfiltration bis in die Aufbereitung) und **„trinkwasserrelevante"** **Stoffe** (nicht mit naturnahen Verfahren entfernbar) unterschieden (SONTHEIMER 1991). Ausgehend von den jahrzehntelangen Untersuchungen der Wasserwerke zur Absicherung der Rohwasserbeschaffenheit können eine ganze Reihe möglicher Schadstoffe bzw. Schadstoffgruppen eingegrenzt werden, die als wasserwerksrelevant eingestuft werden müssen. Eine orientierende Übersicht ist in Tabelle 3-2 zusammengestellt. Diese Liste erhebt keinen Anspruch auf Vollständigkeit und muss laufend erweitert werden, u. a. durch die ständige Weiterentwicklung der Analysemethoden und durch das Bekanntwerden neuer in den Gewässern vorhandener Stoffe bzw. Stoffgruppen. In einzelnen Fällen sind auch anorganische Komponenten (z. B. Salze am Oberrhein) oder summarische Messgrößen (z. B. gelöster organischer Kohlenstoff, adsorbierbare Halogen- oder Schwefel-Verbindungen) zu berücksichtigen.

Tabelle 3-2: Nichterschöpfendes Verzeichnis der wasserwerksrelevanten Schadstoffe.

Leichtflüchtige halogenierte Kohlenwasserstoffe
Polyzyklische aromatische Kohlenwasserstoffe (PAK)
Polychlorierte Biphenyle (PCB)
Pflanzenschutzmittel (PSM)
Synthetische organische Komplexbildner
Nitrosamine
Pharmazeutische Wirkstoffe
Röntgenkontrastmittel
Aromatische Sulfonate
Perfluorierte Verbindungen
Benzinzusatzstoffe

Die Wasserwerke haben ihre Anforderungen an ein Rohwasser, das zur Gewinnung einwandfreien Trinkwassers mit ausschließlich naturnahen Verfahren geeignet ist, in den immer wieder aktualisierten Memoranden dargelegt. Derzeit stellt das von den Verbänden der Wasserwirtschaft verabschiedete und für mehrere Flusssysteme geltende gemeinsame Donau-, Maas- und Rheinmemorandum von 2008 (IAWR 2008) die Anforderungen der Wasserversorgung an einen vorsorgenden Grundwasserschutz dar, welches die behördlichen Anforderungen ergänzt (Tabelle 3-3).

Für jeden Standort müssen mögliche Schadstoffbelastungen separat erfasst werden. Grundsätzlich hat daher einer Gefährdungsabschätzung für eine ausgewählte Region eine sorgfältige Analyse der Rahmenbedingungen voranzugehen. Komponenten einer solchen Bestandsaufnahme können sein:

- o   Gewässeruntersuchungen am ausgewählte Standort
- o   Gewässeruntersuchungen im Zustrombereich (Oberlauf, Nebengewässer, ...)
- o   Ballungsgebiete
- o   Kläranlagen im Oberstrom
- o   Landwirtschaftliche Nutzung (Anwendung von PSM-Wirkstoffen)

- o Lagerung wassergefährdender Stoffe (Art, Menge, Sicherungsmaßnahmen)
- o Handwerks-/Gewerbe-/Industriebetriebe im Zustrombereich
  (Lage, Abwasserstrom, Produktpalette, Hilfsstoffe, ...)
- o Einsichtnahme in Einleiterbescheide
- o Analyse vorangegangener Schadensereignisse, Altlasten im Boden

Je umfangreicher diese Analyse des Gefährdungspotentials verläuft, umso spezifischer kann das Stoffspektrum der möglicherweise bei Hochwassersituationen transportierten Schadstoffe eingegrenzt werden.

Tabelle 3-3: Anforderungen an Rohwasser nach dem DMR-Memorandum 2008 (Zielwerte als höchstzulässige Werte).

Gruppe / Parameter	Dim.	Ziel-wert	Anmerkung
Allgemeine Kenngrößen			
Sauerstoffgehalt	mg/L	> 8	als Minimum
Elektrische Leitfähigkeit	mS/m	70	
pH-Wert	-	7 - 9	als Bereich
Temperatur	°C	25	
Chlorid	mg/L	100	
Sulfat	mg/L	100	
Nitrat	mg/L	25	
Fluorid	mg/L	1,0	
Ammonium	mg/L	0,3	
Summarisch-organische Parameter			
Gesamter organischer Kohlenstoff (TOC)	mg/L	4	
Gelöster organischer Kohlenstoff (DOC)	mg/L	3	
Adsorbierbare organische Halogenverbindungen (AOX)	µg/L	25	
Adsorbierbare organische Schwefelverbindungen (AOS)	µg/L	80	
Anthropogene naturfremde Stoffe mit Wirkungen auf biologische Systeme			
Pestizide und deren Metabolite	µg/L	0,1*	je Einzelstoff
Endokrin wirksame Substanzen	µg/L	0,1*	* es sei denn, dass
Pharmaka (inkl. Antibiotika)	µg/L	0,1*	toxikologische Erkenntnisse
Biozide	µg/L	0,1*	einen niedrigeren
Übrige organische Halogenverbindungen	µg/L	0,1*	Wert erfordern
Bewertete anthropogene naturfremde Stoffe ohne bekannte Wirkungen			
Mikrobiell schwer abbaubare Stoffe	µg/L	1,0	je Einzelstoff
Synthetische Komplexbildner	µg/L	5,0	

3.3 Schadstoffe aus Sicht des Stofftransports

Eine zur Beschreibung des Schadstofftransportes maßgebliche Stoffeigenschaft ist das Bestreben der betreffenden Substanz, an Festkörpern zu sorbieren. Diese Eigenschaft wird beispielsweise als K_{oc} oder K_{ow} bezüglich der Sorption an organischem Material quantifiziert (Kapitel 2.2.2). Schadstoffe mit geringer Tendenz zur Sorption liegen in der Regel vor allem gelöst vor und werden daher vorwiegend gelöst in der Wasserphase transportiert. Schadstoffe mit hohem Sorptionsbestreben sind dagegen oft größtenteils an Sedimente bzw. Schwebstoffe eines Fließgewässers, oder an die Matrix eines porösen Mediums gebunden. Ihr Transport erfolgt daher in der freien Wasserphase vorwiegend schwebstoffgebunden, und im porösen Medium wird ihr Transport gegenüber der Wasserphase stark retardiert.

Gelöst vorliegende Schadstoffe stellen unter ökotoxikologischen Gesichtspunkten in Gewässern wichtige Gefahrenquellen dar. Dies kann v. a. darauf zurückgeführt werden, dass diese Substanzen im Wasser transportiert werden und überall dorthin gelangen können, wohin auch das Wasser gelangt (z. B. in den flussnahen Aquifer). Im Gewässer sind somit alle Organismen den gelösten Schadstoffen unmittelbar ausgesetzt. Wird Flusswasser oder Aquiferwasser z. B. zur Bewässerung oder Trinkwassergewinnung genutzt, können Interessen des Menschen auch direkt betroffen sein. Zu den gelösten Schadstoffen gehören beispielsweise Pharmazeutika, die nachweislich eine (gewollte) Wirkung auf Organismen haben. Eine hohe Wasserlöslichkeit ist bei diesen Stoffen häufig explizit gewünscht, damit sie nach Wirkungsentfaltung leicht aus dem menschlichen Körper ausgeschieden werden können. Weiterhin gehören dazu viele Hormonpräparate wie auch der Wirkstoff der sog. Antibabypille, das 17-α-Ethinylestradiol bzw. seine Metabolite.

Partikelgebunden an Schwebstoffen und Sedimenten wurde in der Vergangenheit eine Reihe von Schadstoffen, z.B. PAKs, PCDDs , PCDFs und PCBs, nachgewiesen. Durch die Untersuchungen des RIMAX-HoT-Projektes konnte gezeigt werden, dass auch polarere Stoffe wie Heterozyklen partikelgebunden transportiert werden (WÖLZ & HOLLERT 2009). Die genaue Verteilung kann jedoch sehr verschieden sein. Am Rhein beispielsweise ist ein typischer partikelgebunden Schadstoff, der in umweltrelevanten Konzentrationen auftritt, das Hexachlorbenzol (HCB), dessen Produktion u. a. durch die Stockholmer Konvention (2004) verboten wurde. Tatsächlich ist diese langlebige und schwer abbaubare Substanz auch heute noch von großer Relevanz (HCB-Depots in z. B. Sandbänken, Möglichkeit der Remobilisierung) und stellt somit (nicht nur am Rhein) ein beträchtliches Gefährdungspotential für Mensch und Umwelt dar.

Eine weitere für den Stofftransport relevante Stoffeigenschaft ist die **mikrobiologische und chemische Abbaubarkeit** einer Substanz (Kapitel 2.2.3). Beide Arten des Abbaus sind sowohl vom betrachteten Stoff sowie dem umgebenden Milieu abhängig. Beispielsweise kann Nitrat unter reduzierenden Bedingungen bei Abwesenheit von Sauerstoff in der Wasserphase abgebaut werden. Bei hohen Konzentrationen an gelöstem Sauerstoff ist Nitrat in der Wasserphase jedoch weitgehend stabil gegenüber Abbauprozessen.

3.4 Messtechnische Bestimmung der Konzentration und toxikologischen Wirksamkeit von Schadstoffen

Zur messtechnischen Bestimmung von **Schadstoffkonzentrationen** in einer Wasser- oder Feststoffprobe ist bezüglich der zu wählenden Untersuchungsmethoden auf die „Deutschen Einheitsverfahren zur Wasser-, Abwasser- und Schlammanalytik (DEV)" zu verweisen. Da die Konzentrationen der zu bestimmenden Verbindungen sich häufig im Spurenbereich befinden, können die erforderlichen Methoden sehr aufwendig sein. In der Regel wird bereits für die Probenahme qualifiziertes Personal benötigt. Im Labor sind dann bei der Probenvorbereitung oft komplexe Anreicherungsverfahren und zur eigentlichen Analyse hochtechnologische Analysemethoden (z. B. GC, HPLC, ICP-MS) erforderlich. Die notwendigen Analysen können folglich meist nur in chemischen Laboren durchgeführt werden, die einerseits über die erforderliche technische Ausstattung und andererseits über das nötige qualifizierte Personal verfügen. Die Labore können ihre Eignung über Zertifizierungen bzw. Akkreditierungen nachweisen.

Neben der reinen Substanzanalyse durch die chemische Analytik sollten parallel die biologisch wirksamen Gefährdungs- und ggf. auch Risikopotentiale der zu untersuchenden Probe ermittelt werden. Durch die Anwendung von zellbasierten, sogenannten in-vitro Biotestsystemen können schnell, aussagekräftig und kostengünstig **biologische Effekte bzw. Schadpotenziale** ermittelt oder ausgeschlossen werden. Da Schadstoffe ganz unterschiedliche Wirkmechanismen haben und gegebenenfalls zu verschiedenen Schädigungen führen können (von allgemeinen Stressreaktionen bis hin zu hormonellen Wirksamkeiten und Mutationen), empfiehlt sich der Einsatz nicht nur einzelner, sondern mehrerer Biotestsysteme, in Form von Biotestbatterien (HOLLERT et al., 2003). Es ist darauf zu achten, dass die eingesetzten Testsysteme die für das jeweilige Medium und den jeweiligen Standort typischen Schadstoffe erfassen. Weiterhin müssen die Testsysteme geeignet sein, die untersuchte Fragestellung zu beantworten bzw. belastbare Hinweise zu liefern.

Zur bioanalytischen Bewertung der Wasserphase eignen sich Testsysteme wie der YES-Assay, DR-CALUX und Ames Fluktuationstest. Geeignete und für die Untersuchung von Schwebstoffen und Bodenproben bereits erprobte Testsysteme sind EROD-Assay, DR-CALUX, Ames Fluktuationstest und Comet-Assay. Je nach Standort und Fragestellung können aber auch andere Testsysteme geeignet sein.

Darüber hinaus können wichtige Aussagen über Stoffkonzentrationen und biologische Wirkungsweise durch den Einsatz von sog. Fraktionierungsmethoden erzielt werden. Dabei werden die komplexen Umweltproben mit physikalisch-chemischen Trennverfahren in weniger komplexe Teilproben aufgetrennt. Die Kombination von chemischer und biologischer Analytik mit Fraktionierungsmethoden wird als Effekt-dirigierte Fraktionierung bezeichnet und ist eine gängige Methode zur Analyse und Bewertung in den Umweltwissenschaften (BRACK 2003). Sie erlaubt es, die effektverursachenden Stoffklassen und im besten Fall die verantwortlichen Einzelsubstanzen zu identifizieren.

Als Ergebnis der Untersuchungen in der Bioanalytik erhält man Wirksamkeiten, die die biologische Wirkung eines Stoffes als Wirksamkeit einer Referenzsubstanz ausdrücken: Eine bestimmte Konzentration der Substanz X bewirkt einen Effekt, der auch durch eine bestimmte Konzentration der Referenzsubstanz bewirkt wird. Diese Referenzsubstanzkonzentration wird bestimmt. Beispielsweise wird in einem von der WHO publizierten System die Dioxin-ähnliche Wirksamkeit in Äquivalenten (TEQ) des sehr toxischen Seveso-Dioxins 2,3,7,8-Tetrachloro-dibenzo-p-dioxin (TCDD) ausgedrückt (OLSMAN et al. 2007, EADON et al. 1986).

Alternativ können biologische Wirksamkeiten teilweise auch über Stoffkonzentrationen aus der chemischen Analytik bestimmt werden. Dadurch ist es möglich, insbesondere die Wirkung von fraktionierten Substanzen zu bestimmen. Bei einer Reihe von Substanzen wie den polyzyklischen aromatischen Kohlenwasserstoffen (PAKs), Dioxinen (PCDDs), Furanen (PCDFs) und polychlorierten Biphenylen (PCBs) wird eine additive Wirkung angenommen. Das bedeutet, die Wirkung einzelner Substanzen addiert sich auf und ist nicht synergistisch (keine gegenseitige Verstärkung) oder inhibierend (schwächt sich nicht gegenseitig ab). Für eine bestimmte Auswahl von Stoffen wurden bereits relative Wirkpotentiale (REP-Werte) ermittelt, so z. B. für die EPA-PAKs (durch die US-amerikanische Umweltbehörde festgelegte prioritäre PAKs). Dabei wird der Wirksamkeit von TCDD der Wert 1 zugeordnet. Die Wirkung der EPA-PAKs ist geringer, somit ist deren Wert deutlich geringer als 1. Wird nun eine durch chemische Analytik bestimmte Konzentration einer Substanz mit dem von der WHO festgelegten relativen REP-Wert der Substanz multipliziert, so kann eine sog. chemische Äquivalenzkonzentration ermittelt werden. Die Summe der so ermittelten Äquivalenzkonzentrationen für alle in der untersuchten Probe ermittelten Substanzen entspricht (in der Theorie) der im Biotest bestimmten biologischen Äquivalenzkonzentration der Probe, ist mit dieser also direkt vergleichbar. Relative Wirksamkeiten wurden jedoch nur für wenige Substanzklassen bzw. Einzelsubstanzen bestimmt. Somit kann dieses Konzept auf die chemisch quantifizierten Stoffe nur begrenzt eingesetzt werden.

4 Schadstofftransport im Fließgewässer und Eintrag in den Retentionsraum

In Fließgewässern werden mit dem Wasser diverse gelöste und partikuläre Stoffe transportiert. Zu den gelösten Stoffen gehören beispielsweise geogene gelöste Salze (z. B. Kochsalz NaCl) oder Salze der Kohlensäure (z. B. Calciumcarbonat $CaCO_3$). Partikulär werden vor allem Minerale (Sedimente), aber auch abgeschwemmtes organisches Material transportiert, woran häufig organische oder anorganische Verbindungen adsorbiert sind. Weiterhin sind in der Regel Viren, Bakterien und Parasiten in Oberflächengewässern vorhanden. Anthropogen beeinflusste Fließgewässer enthalten neben geogenen oder biogenen Substanzen häufig zusätzlich Stoffe bzw. Stoffklassen, die keinen natürlichen Ursprung haben, sondern durch den Menschen eingetragen wurden. Dazu gehören beispielsweise Rückstände von Pestiziden aus der Landwirtschaft oder von Medikamenten.

4.1 Transport gelöster Schadstoffe

4.1.1 Transport gelöster Stoffe in Fließgewässern

Die wesentlichen Mechanismen des Transports gelöster Substanzen in Fließgewässern sind die Advektion und die Diffusion (Kapitel 2.2.1) sowie der eventuell stattfindende Stoffabbau (2.2.3).

Der advektive Transport bewirkt in der Regel den überwiegenden Transport eines Stoffes in Fließrichtung des Gewässers. Er ist durch die Strömung im Fließgewässer bestimmt (Kapitel 2.1.2).

Der Eintrag einer Substanz ins Fließgewässer erfolgt meist nicht gleichmäßig verteilt über den Fließquerschnitt, sondern an einem eng begrenzten Ort, beispielsweise (durch Einleitung eines Abwasserkanals) am Ufer und an der Oberfläche des Gewässers. Die Diffusion als Durchmischungsprozess ist ausschlaggebend für die anschließende Verteilung eines Stoffes über den Fließquerschnitt, und damit für die Höhe der Stoffkonzentration beispielsweise an einer ufernahen Ausleitung in Polderräume. Da die molekulare Diffusion im Allgemeinen viel kleiner ist als die turbulente Diffusion kann sie meist vernachlässigt werden. Die Dispersion ist im Allgemeinen wiederum viel größer als die turbulente Diffusion, wodurch die Durchmischung in Fließrichtung stärker ist als quer zur Fließrichtung.

In der Praxis wird in der Regel von einer gleichmäßigen Verteilung ausgegangen, so dass ein an beliebiger Stelle erhobener Messwert als repräsentativer Wert gilt. Damit diese Annahme gerechtfertigt ist, müssen ausreichende Entfernungen zu lokalen Einleitungen bzw. Schadstoffquellen gewährleistet sein. In Abbildung 4-1 sind die wesentlichen Durchmischungsphasen für eine näherungsweise punktförmige Schadstoffquelle am Ufer dargestellt:

o Die erste Phase ist geprägt von der vertikalen Durchmischung.

o In der zweiten Phase ist vorrangig die transversale Durchmischung quer über den Fließquerschnitt relevant.

o In der dritten Phase dominiert die longitudinalen Durchmischung, d. h. die zugegebene Substanz verteilt sich in Fließrichtung.

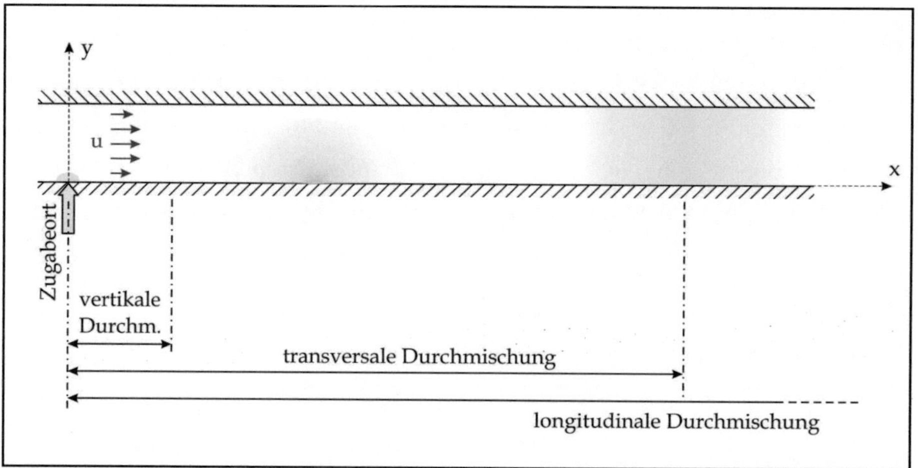

Abbildung 4-1: Schematische Darstellung der Phasen bei der Durchmischung in einem offenen Gerinne im Fall einer instantanen Punktquelle am Ufer (Draufsicht).

In kleinen Fließgewässern läuft die vertikale und transversale Durchmischung sehr schnell ab, so dass bereits nach kurzer Fließstrecke von einer gleichmäßigen Durchmischung im Fließquerschnitt ausgegangen werden kann. In Flüssen mit einem großen Breite/Tiefe-Verhältnis (B/h>20) hingegen muss mit deutlich größeren Strecken bis zur vollständigen Durchmischung gerechnet werden. Als vollständig durchmischt gilt ein Gewässer in der Regel, wenn die Konzentration eines Stoffes über den Querschnitt nicht mehr als 5 % variiert.

Als Faustformel zur Abschätzung der Entfernung für eine vollständige **vertikale Durchmischung** von der Einleitungsstelle kann ein Vielfaches der Fließtiefe angesetzt werden (VAN MAZIJK 1996):

$$\Delta x_{\text{vertik.Durchm.}} \approx (60 \text{ bis } 100) \cdot h \tag{4.1}$$

Für die **transversale Durchmischung** lassen sich für eine grobe Abschätzung ebenfalls einfache Beziehungen ableiten:

$$\Delta x_{\text{transvers.Durchm.}} \approx 0{,}4 \cdot \frac{u \cdot B^2}{D_y} \tag{4.2}$$

Dabei bezeichnet u [m/s] die Fließgeschwindigkeit in Hauptströmungsrichtung, B [m] die Gerinnebreite und D_y [m²/s] den Dispersionskoeffizienten in transversaler Richtung. Für den transversalen Dispersionskoeffizienten liefern FISCHER et al. (1979) folgende halbempirische Gleichung:

$$D_y = a_y \cdot h \cdot u_* \tag{4.3}$$

Die Variable h [m] bezeichnet die Fließtiefe, u_* [m/s] die Sohlschubspannungsgeschwindigkeit und a_y [-] einen empirischen Koeffizienten. Die Sohlschubspannungsgeschwindigkeit ist eine aus der Sohlschubspannung τ_0 [N/m²] abgeleitete Größe, die sich mithilfe des lokalen Gefälles des hydraulischen Potentials I [-] und des hydraulischen Radius R_h [m] des Gerinnes nach folgender Formel abschätzen lässt:

$$u_* = \sqrt{\frac{\tau_0}{\rho_w}} = \sqrt{g \cdot R_h \cdot I} \tag{4.4}$$

Für den Koeffizienten a_y verwenden FISCHER et al. einen Wert von 0,15. Er hängt jedoch stark von der Strömungsstruktur ab und wird dabei umso größer, je stärker eine zusätzliche Durchmischung aufgrund von Ungleichmäßigkeiten auftritt. Variationen in Längs- und Querprofil, Sekundärströmungen in Kurven oder Einbauten wie Buhnen verstärken die Turbulenz und erhöhen bzw. beschleunigen die Durchmischung. Für den Niederrhein finden sich nach van MAZIJK beispielsweise Werte von a_y = 0,3 bis 0,8. In breiten Flüssen können sich so transversale Durchmischungslängen in der Größenordnung von 50 bis 100 Kilometern ergeben. Für eine verlässliche Abschätzung sollten die entsprechenden a_y-Werte mit Hilfe von Tracerexperimenten bestimmt werden.

Das Erreichen der vollständigen Durchmischung kann erschwert werden, wenn Schichtungseffekte aufgrund unterschiedlicher Dichte auftreten. Ursache solcher Dichteunterschiede können Temperaturunterschiede (z. B. Rückführung von erwärmtem Kühlwasser), gelöste Stoffe wie Salze (z. B. bei Flut landwärts eindringendes Salzwasser im Ästuarbereich) oder Partikelfrachten (z. B. Zuflüsse mit hoher Schwebstoffkonzentration) sein. Eine Schichtung aus einem leichteren Fluid über einem schwereren Fluid (stabile Schichtung) wirkt der Durchmischung entgegen.

Ist eine genauere Betrachtung der Stoffausbreitungsvorgänge notwendig, empfiehlt sich eine mathematisch-numerische Modellierung, die mindestens bis zum Erreichen der vollständigen Durchmischung des Querschnitts zweidimensional erfolgen sollte. Dies ist zum Beispiel im „Rheinalarmmodell" teilweise realisiert (VAN MAZIJK et al. 2000). Als weiterführende Literatur werden FISCHER et al. (1979), RUTHERFORD (1994) oder HÖTTGES (1992) empfohlen.

4.1.2 Zeitlicher Konzentrationsverlauf gelöster Schadstoffe im Fließgewässer

Auch bei vollständiger transversaler Durchmischung, d. h. bei einer gleichmäßigen Konzentration bezogen auf den Fließquerschnitt, ist die Konzentration gelöster Substanzen im Wasser zeitlich in der Regel nicht konstant.

Bei einer kurzzeitigen Spontaneinleitung eines konservativen Stoffes (d. h. eines Stoffes, der entlang des Fließweges nicht abgebaut wird oder der nicht sonstigen chemischen Reaktionen unterliegt) beobachtet man an einem festen Ort unterstrom der Einleitung einen Konzentrationsverlauf, wie er qualitativ in Abbildung 4-2 dargestellt ist. Die beobachtete Konzentration steigt bis auf ein Maximum an und fällt danach wieder ab. Die Gradienten des steigenden und fallenden Kurvenabschnittes können sich je nach den Strömungsverhältnissen aufgrund der Wechselwirkung von Advektion und Diffusion stark unterscheiden, wobei bei konstantem Geschwindigkeitsfeld die Konzentrationszunahme immer schneller als die Konzentrationsabnahme verläuft.

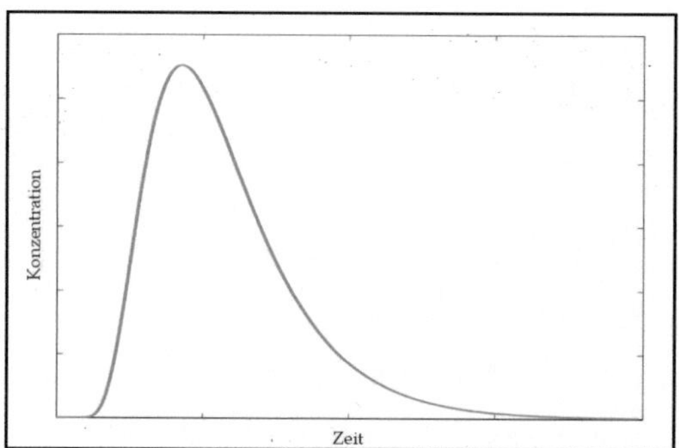

Abbildung 4-2: Qualitatives Konzentrationsprofil an einem festen Ort unterstrom der Einleitungsstelle eines konservativen Tracers bei instantaner Zugabe und stationärer, gleichförmiger Strömung.

Bei einer kontinuierlichen Einleitung mit gleich bleibender Zugabemenge und stationärer, gleichförmiger Strömung lässt sich eine konstante Konzentration an einem festen Ort unterstrom der Einleitung erwarten. Falls die Menge eines eingeleiteten Stoffes jedoch schwankt (z. B. infolge eines Regenereignisses von landwirtschaftlichen Flächen eingetragenes Material, durch Regenwasserentlastung einer Kläranlage, Havarie infolge eines Hochwassers) und/oder die Strömung instationär (z. B. bei Hochwasser) und ungleichförmig ist (z. B. bei unregelmäßiger Topographie), verändert sich der Konzentrationsverlauf signifikant. Zusammenfassend können drei Modelle unterschieden werden, deren Anwendbarkeit in Bezug auf den jeweiligen Parameter geprüft werden muss (Abbildung 4-3):

o Konstante Konzentration
  Inhaltsstoffe des Wassers (z. B. geogen bedingte Mineralien in ausschließlich aus Grundwasser gespeisten Gewässern) sind stets in gleicher Konzentration erhalten und führen bei Zunahme der Wasserführung zur Zunahme des Transportes.

o   Konstante Fracht

Gleich bleibende Menge eines Stoffes wird eingetragen (z.B. durch Abwassereinleitung eines Industriebetriebes), die Zunahme der Wasserführung (durch ein Regenereignis) führt zur Verdünnung im Gewässer und somit zu sinkenden Konzentrationen.

o   Zusätzlicher Stoffeintrag

Durch Abschwemmung nach (Stark-)Regenereignissen (z.B. Bodenerosion von Ackerflächen, Reifenabrieb von Straßenbelägen, Überlastung von Kläranlagen), Havarien oder sonstige Schadensereignissen kann sich das Stoffspektrum im Fließgewässer kurzzeitig ändern und eine Zunahme des Transports erfolgen.

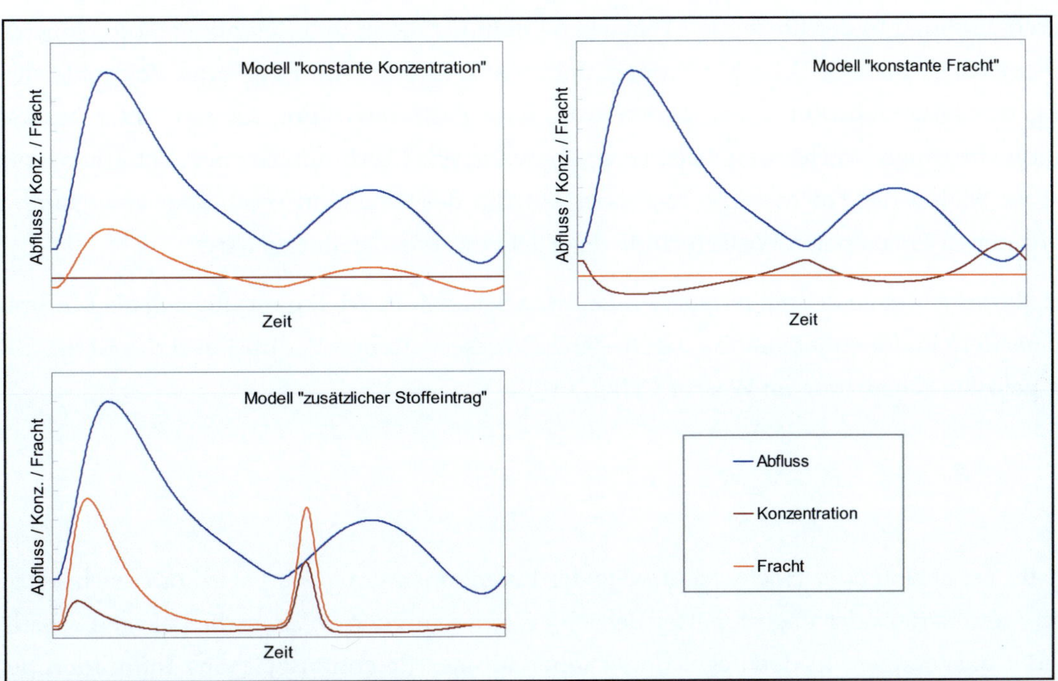

Abbildung 4-3: Qualitativer Konzentrations- und Frachtverlauf an einem festen Ort des Fließgewässers bei unterschiedlichen Arten des Stoffeintrags.

Häufig müssen alle drei Modelle in (zeitlich, räumlich und stoffabhängig) unterschiedlicher Gewichtung zur Erklärung der in einem Fließgewässer messbaren Stoffkonzentrationen herangezogen werden. Die Prognose des zeitlichen Verlaufs einer Schadstoffkonzentration ist demzufolge ausgesprochen schwierig. Häufig tritt auch der Fall auf, dass sich keine Korrelation zwischen Schadstoffkonzentration und Abfluss im Fließgewässer ableiten lässt (z. B. BRAUCH & FLEIG 2009, GRZYMKO et al. 2007, LARSON et al. 1995).

Auch bei einem Hochwasserereignis lässt sich der zeitlichen Verlaufs der Schadstoffkonzentrationen meist nicht zuverlässig prognostizieren. Zwar werden viele Schadstoffe bei Starkregenereignissen entweder aus dem Einzugsgebiet eingetragen oder gelangen durch eine Remobilisierung aus abgelagerten Sedimenten in die fließende Welle, so dass erhöhte Schadstoffmengen transportiert werden, allerdings bewirkt die erhöhte Wasserführung gleichzeitig eine stärkere

Verdünnung, so dass damit nicht automatisch erhöhte Konzentrationswerte einhergehen. Teilweise können die höchsten Schadstoffkonzentrationen zu Beginn eines Hochwasserereignisses gemessen werden, bevor mit zunehmender Wasserführung der Verdünnungseffekt zunimmt. Ob der Schadstoffpeak vor, mit oder nach dem Scheitelwert des Abflusses eintrifft, hängt jedoch stark vom Einzugsgebiet des Flusses und von den Bedingungen der Entstehung des Hochwassers ab.

4.1.3 Eintrag gelöster Schadstoffe in den Retentionsraum

Der Eintrag der im Wasser gelösten Schadstoffe in den Retentionsraum erfolgt mit der im Wasserkörper des Flusses vorhandenen Konzentration. Ausgehend von einer gleichmäßigen Durchmischung in der fließenden Welle kann man für die in den Retentionsraum eingetragene Wassermenge dieselbe Schadstoffkonzentration ansetzen, die im Fluss zum Zeitpunkt der Flutung des Retentionsraums vorhanden war. Eine Barrierewirkung ist nur unter besonderen Randbedingungen vorhanden, beispielsweise wenn das Maximum der Schadstoffkonzentrationen zu Beginn des Hochwasserereignisses auftritt, der Retentionsraum aber erst später, beim Auftreten der maximalen Wasserstände des Fließgewässers, geflutete wird.

Die absolute Menge der eingetragenen gelösten Schadstoffe M_l [kg] ergibt sich als Multiplikation aus dem im Retentionsraum eingetragenen Wasservolumen V_{ret} [m³] und der Konzentration der gelösten Schadstoffe im Wasser C_l [kg/m³]:

$$m_l = V_{ret} \cdot C_l \tag{4.5}$$

Sobald bei ablaufender Hochwasserwelle der Retentionsraum geleert wird oder sich selbst entleert (gesteuerter oder ungesteuerter Betrieb), werden mit dem Wasser die gelösten Schadstoffe wieder ausgetragen. In der Regel findet innerhalb der Retentionszeit eine Infiltration des zurückgehaltenen Wassers in die Bodenzone statt (Kapitel 1), so dass entsprechende Mengen gelöster Schadstoffe mit in die Bodenzone eingetragen werden. Das Produkt der Konzentration der gelösten Schadstoffe und der Menge des infiltrierten Wassers ergibt analog zu Gleichung (4.5) die absolute Menge der in den Boden eingetragenen Schadstoffe.

Die Kenntnis der Konzentration der in den Retentionsraum eingetragenen Schadstoffe ist folglich entscheidend für die Beurteilung einer möglicherweise daraus resultierenden Gefährdung für eine nahe Trinkwassergewinnung. Für die Prognose des räumlichen und zeitlichen Verlaufs von Schadstoffkonzentrationen nach Havarien oder ähnlichem, bei dem Ort, Zeitpunkt und Menge des eingetragenen Schadstoffs hinreichend bekannt sind, sind numerische Modelle, vergleichbar dem Rheinalarmmodell, hilfreich. In der Regel ist eine Prognose des Verlaufs der Schadstoffkonzentrationen während eines Hochwassers aufgrund der in Kapitel 4.1.2 dargestellten Unwägbarkeiten jedoch nicht möglich. Da der Nachweis vieler Schadstoffe zeitlich aufwendig ist, sind hochwasserbegleitende Messungen mit dem Ziel, den Eintrag hoher Konzentrationen in Retentionsräume (durch rechtzeitiges Schließen der Einlassbauwerke) zu verhindern, nicht praktikabel.

Trotzdem sind hochwasserbegleitende Messungen der auftretenden Schadstoffkonzentrationen bei einer Flutung des Retentionsraums sinnvoll, um zumindest im Nachgang des Hochwasserereignisses die Menge der in den Boden eingetragenen und damit potenziell grundwassergefährdenden Stoffe abzuschätzen zu können. Regelmäßige Messungen der Schadstoffkonzentrationen im Fließgewässer sollten durchgeführt werden, um den Konzentrationsbereich der vorhandenen Schadstoffe festzustellen und dadurch erste Anhaltspunkte für eine mögliche Gefährdung zu erhalten.

4.1.4 Messtechnische Bestimmung der Konzentrationen und Wirksamkeiten gelöster Schadstoffe

Zur umfassenden Untersuchung von Schadstoffgehalten und ökotoxikologischen Wirkungen in der Hochwasserwelle müssen unbedingt mehrere Proben während des Hochwasserverlaufs entnommen werden. Mit den Probenahmen sollten spätestens mit Einsetzen des Hochwassers (signifikanter Anstieg der Wasserführung) begonnen werden und bis kurz nach dem maximalen Abfluss im Abstand von wenigen Stunden fortgefahren werden, da in diesem Zeitraum erfahrungsgemäß mit den größten Schwankungen der Konzentration zu rechnen ist und in diesem Zeitraum auch die Flutung des Retentionsraums stattfindet. Im Fall durchströmter Retentionsräume sollten gegebenenfalls auch Proben nach dem Hochwasserscheitel und in größeren Abständen von zunächst wenigen, dann auch mehreren Tagen genommen werden. Die Entnahme von zu wenigen Proben birgt die Gefahr, dass die Schadstoff- und Schädigungspotentiale nur in Teilen und ggf. unzureichend erfasst werden. Über zu große Zeiträume gemittelte Proben, insbesondere um den Hochwasserhöhepunkt, verdecken die Maxima und erlauben keine Bewertung des tatsächlichen Gefährdungspotentials durch Hochwasserereignisse.

Bezüglich der Art der Probenahme bietet sich – soweit das Gewässer zugänglich bleibt – in den meisten Fällen nur die Stichprobe an. Alternativ sind Sammelproben kürzerer Zeitfraktion von Interesse, sofern geeignete dauerhafte Einrichtungen in vertretbarer Nähe bereits vorhanden sind (z. B. Messstation in der Nähe des Beobachtungsgebietes).

Der Umfang der zu erfassenden Parameter hängt von den lokalen Gegebenheiten ab (s. Kapitel 1) und ist in jedem Einzelfall standortspezifisch sowie in Abhängigkeit der Entstehungsgeschichte des jeweiligen Hochwassers zu entscheiden. Geeignete Analysemethoden wurden in Kapitel 3.4 vorgestellt.

4.2 Transport schwebstoffgebundener Schadstoffe

In Fließgewässern transportierte Feststoffe werden danach unterschieden, ob sie entlang der Sohle als **Geschiebe** oder im Wasserkörper suspendiert als **Schwebstoffe** transportiert werden. Für den partikelgebundenen Eintrag von Schadstoffen in Retentionsräume werden aus zwei Gründen nur Schwebstoffe als relevant angesehen und berücksichtigt:

1) Tendenziell werden eher feinere Kornfraktionen in Schwebe transportiert. Aufgrund ihrer im Vergleich zu gröberen Sedimenten deutlich größeren spezifischen Oberfläche sorbieren an ihnen bezogen auf das Sedimentvolumen größere Mengen an Schadstoffen. Die Schadstoffbelastung der Schwebstoffe übersteigt also in der Regel die Schadstoffbelastung des Geschiebes signifikant.

2) Das Geschiebe wird vor allem bei großen Flüssen überwiegend entlang der eigentlichen Flusssohle transportiert. Der effektive Transport von Geschiebe auf überfluteten Vorländern hat einen deutlich geringeren Anteil. Schwebstoffe werden hingegen sowohl im eigentlichen Flussschlauch als auch über den Vorländern transportiert. Dadurch gelangen vor allem Schwebstoffe in die Retentionsräume.

Des Weiteren werden bei der Beschreibung der Schwebstofftransportprozesse im Folgenden nur Kornfraktionen im Bereich der Sandfraktionen und kleiner betrachtet. In der Praxis in Baden-Württemberg gelten als obere Grenze der Korngröße 600µm für chemische Analysen, im Fall der Schwermetalle liegt diese Grenze bei 20 µm. Zwar können bei extremen Hochwasserereignissen auch größere Kornfraktionen in Schwebe transportiert werden und/oder auf Vorländern und in Retentionsräumen abgelagert werden. Allerdings ist die angelagerte Schadstofffracht hier vernachlässigbar gering, so dass gröberes Sedimentmaterial für die Bewertung des feststoffgebundenen Schadstoffeintrags in Retentionsräume nicht weiter berücksichtigt wird.

4.2.1 Transportmechanismen von Schwebstoffen in Fließgewässern

Schwebstoffe lassen sich anhand verschiedener charakteristischer Eigenschaften beschreiben, deren Kenntnis relevant für die Beurteilung der Transportvorgänge und des potenziellen Risikos durch adsorbierte Schadstoffe ist. Dazu gehören die Kornverteilungskurve der Schwebstoffe, ihre mineralogische Zusammensetzung, ihre (Korn- bzw. Flocken-)Struktur sowie der Gehalt an organischen Bestandteilen. Zu berücksichtigen ist, dass die Zusammensetzung der Schwebstoffe in einem Fließgewässer zeitlich und räumlich nicht konstant ist, sondern sich beispielsweise mit der Abflussmenge, durch unterschiedliche Einträge von angrenzenden Flächen oder auch im Jahresgang verändert.

Grundlagen der Schwebstoffbewegung

Schwebstoffe werden mit der Strömung transportiert. Sie bewegen sich dabei mit annähernd derselben Geschwindigkeit fort wie das Wasser. Die spezifischen Eigenschaften der Schwebstoffe wie Korngröße, Kornform und –dichte beeinflussen ihr Verhalten im Gerinne bzw. beim Eintrag in den Retentionsraum im Gegensatz zu den gelösten Stoffen jedoch deutlich. Das Eigengewicht der Partikel hat eine direkte Auswirkung auf die Bewegungsmechanismen und die räumliche Verteilung der Sedimente. In Abbildung 4-4 sind die wesentlichen Mechanismen im Transportzyklus der Schwebstoffe schematisch dargestellt.

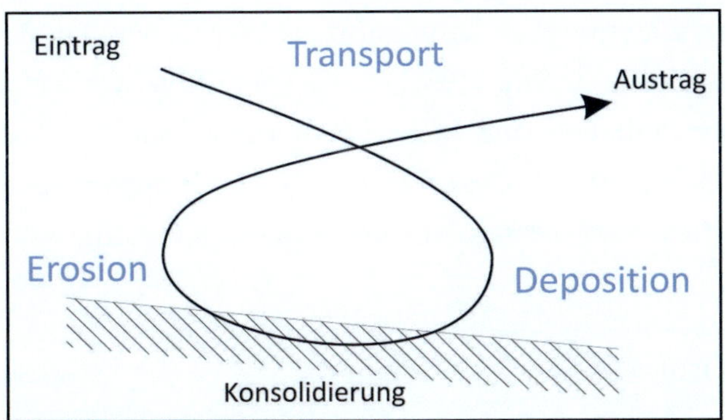

Abbildung 4-4: Schematische Darstellung des Transportzyklus von Schwebstoffen.

Der Transport der Schwebstoffe innerhalb eines betrachteten Gebietes, der Eintrag in das Gebiet und der Austrag aus dem Gebiet erfolgen in advektiven und diffusiven Prozessen, die bereits grundsätzlich in Kapitel 2.2.1 beschrieben wurden. Daneben kann sich die transportierte Schwebstoffmenge durch Erosion und Suspendierung von Sohlmaterial vergrößern oder durch Sedimentation und Deposition von suspendiertem Material verringern. Wesentliche Transport-parameter und Teilprozesse werden im Folgenden beschrieben.

Die **Sinkgeschwindigkeit** der Partikel aufgrund ihres Eigengewichtes tritt in allen Fragestel-lungen zum Sedimenttransport als wesentlicher Parameter hervor. Obwohl das Konzept der Sinkgeschwindigkeit einfach ist, ist die Bestimmung der Sinkgeschwindigkeit nicht trivial. Eine analytisch abgeleitete Beschreibung der Sinkgeschwindigkeit w_s [m/s] wurde von STOKES (1850) anhand einer Gleichgewichtsbetrachtung angreifender Kräfte für ein kugelförmiges Ein-zelkorn in einer schleichenden Strömung entwickelt:

$$w_s = \frac{d^2}{18\nu} \cdot \frac{\rho_s - \rho_w}{\rho_w} \cdot g \tag{4.6}$$

, wobei d [m] den Kugeldurchmesser bezeichnet, ν [m²/s] die Viskosität des Wassers, ρ_s [kg/m³] die Sedimentdichte, ρ_w [kg/m³] die Dichte des Wassers und g [m/s²] die Erdbeschleu-nigung.

Gleichung (4.6) ist gültig für den Bereich sehr kleiner Reynoldszahlen Re < 1. Die Reynoldszahl ist hier wie folgt definiert:

$$Re = \frac{w_s \cdot d}{\nu} \tag{4.7}$$

Gleichung (4.6) gilt also für kleine Partikel mit niedrigen Sinkgeschwindigkeiten und/oder in zähen Fluiden. Obwohl er nur für kugelförmige Einzelkörner bei Re < 1 gilt, wird dieser Be-rechnungsansatz häufig auch außerhalb seines Gültigkeitsbereichs verwendet. Daneben exis-tiert eine Vielzahl an anderen Ansätzen, die die Sinkgeschwindigkeit von Schwebstoffen unter bestimmten Randbedingungen halbempirisch oder vollempirisch beschreiben. Für eine erste

Abschätzung der Sinkgeschwindigkeit kann auf den Stokes'schen Ansatz oder verwandte Glei-chungen, beispielsweise nach ZANKE (1977), zurückgegriffen werden, die einfach aufgebaut sind, wenige Parameter enthalten und keinen Kalibrieraufwand bedeuten. Der Ansatz nach ZANKE stellt eine Erweiterung der Stokes'schen Sinkgeschwindigkeit für abgeflachte, kohäsions-lose Partikel dar und ist auch für größere Kornreynoldszahlen gültig:

$$w_s = 10 \cdot \frac{\nu}{d} \cdot \left(\sqrt{1 + 0,01 \cdot \frac{\rho_s - \rho_w}{\rho_w} \cdot \frac{g}{\nu^2} \cdot d^3} - 1 \right) \qquad (4.8)$$

In Fällen, in denen eine grobe Abschätzung der Sinkgeschwindigkeit eines Einzelkorns nicht ausreichend ist, sollte auf andere Methoden zurückgegriffen werden, die dann meist einkalib-riert werden müssen, also das Vorhandensein und die Verwendung von Messdaten vorausset-zen.

Um Partikel in Schwebe zu halten, muss das Eigengewicht bzw. die Sinkgeschwindigkeit w_s der Partikel von einer Aufwärtsbewegung der Strömung ausgeglichen werden. Viele Untersuchun-gen deuten darauf hin, dass die relevanten Strömungsgrößen mit der Sohlschubspannungsge-schwindigkeit u_* (Gleichung (4.4)) korreliert sind (RAUDKIVI 1998).

In der Literatur finden sich unterschiedliche Angaben, um welchen Faktor f [-] die Sohlschub-spannungsgeschwindigkeit die Sinkgeschwindigkeit überschreiten muss, damit ein Partikel in Schwebe gehalten werden kann.

$$u_{*susp,crit} = f \cdot w_s \qquad (4.9)$$

Die Literaturwerte für f schwanken zwischen 1,25 nach BAGNOLD (1966) und 4 nach ENGELUND (1965). Häufig wird ein mittlerer Wert von f = 2,5 nach ZANKE (1982) verwendet. Anhand der Beziehung nach Gleichung (4.9) lässt sich für ein bestimmtes Kornmaterial eine grobe Abschät-zung treffen, ob das Material in Schwebe transportiert wird.

Die Ablagerung bzw. **Deposition** der Schwebstoffe wird ebenfalls anhand der Sinkgeschwin-digkeit w_s sowie der Schwebstoffkonzentration C_p [kg/m³] beschrieben. Die Depositionsrate Φ_{dep} [kg/(m²·s)] bezeichnet dabei die Menge an Sedimenten, die sich pro Zeit- und Flächenein-heit ablagert. Sie ergibt sich aus dem Sedimentfluss in Sohlnähe ($w_s \cdot C_p$) zur Sohle hin, multipli-ziert mit einer so genannten Depositionswahrscheinlichkeit P_D [-] (Gleichung (4.10)). Die Depo-sitionswahrscheinlichkeit berücksichtigt, dass nicht das gesamte Material, das die Sohle er-reicht, auch an der Sohle verbleibt, sondern dass ein Teil dieses Materials direkt „wiederaufge-wirbelt" und in Schwebe weitertransportiert wird.

$$\Phi_{dep} = P_D \cdot w_s \cdot C_p \qquad (4.10)$$

Analog zur Depositionsrate lässt sich eine **Erosionsrate** Φ_{ero} [kg/(m²·s)] definieren, die eine pro Zeit und Flächeneinheit erodierte Sedimentmenge beschreibt. Die Erosion von im Hauptgerinne abgelagerten Sedimenten wird im Rahmen dieses Leitfadens nicht betrachtet, sondern als in der Schwebstoffkonzentration beim Eintrag in den Retentionsraum enthalten angesehen. Eine Erosion innerhalb des Retentionsraums ist denkbar. Zum einen können in Rinnen oder anderen bevorzugten Fließpfaden im Retentionsraum lokal erhöhte Fließgeschwindigkeiten auftreten, die eine Erosion von früher abgelagertem Material bewirken. Zum anderen können während einer Hochwasserwelle abgelagerte Sedimente bei einer zweiten Hochwasserspitze oder veränderten Strömungsbedingungen während des Hochwasserereignisses direkt wieder erodiert werden. Die Beschreibung der Erosion erfolgt in der Regel anhand einer empirischen Beziehung, die den Strömungsangriff in Form der Sohlschubspannung τ_0 und die Erosionsstabilität der Ablagerung in Form einer kritischen Sohlschubspannung für Erosion τ_{crit} beinhaltet. Die folgende Gleichung zeigt eine häufig verwendete Formulierung nach ARIATHURAI & ARULA-NANDAN (1978):

$$\Phi_{ero} = M_{ero} \cdot (\tau_0 / \tau_{crit} - 1) \tag{4.11}$$

Der Erosionskoeffizient M_{ero} [kg/(m²·s)] ist ein empirischer Parameter, der kalibriert werden muss und häufig als tiefen- und/oder dichteabhängig beschrieben wird. Die kritische Erosionsschubspannung ist ebenfalls ein Kalibrierparameter, für den es zwar eine ganze Reihe an Berechnungsansätzen gibt, die aber wiederum zu kalibrierende Faktoren beinhalten und nicht allgemeingültig sind.

Abgelagerte Sedimente verdichten sich im Laufe der Zeit aufgrund ihres Eigengewichts selbst, indem tragendes Porenwasser ausgetrieben wird, bis das Gewicht der Partikel ausschließlich vom Korngerüst selbst getragen wird. Dieser Vorgang wird als Konsolidierung bezeichnet. Die Beschreibung der Konsolidierung erfolgt häufig vereinfacht als eine zeitabhängige Veränderung der Bodendichte oder des Porenanteils des Bodens. Für den Sedimenttransport ist die Konsolidierung insofern von Bedeutung, als sie sich auf die Erosionsstabilität der Ablagerung auswirkt. Einfache empirische Berechnungsansätze finden sich beispielsweise bei MIGNIOT (1968) oder NICHOLSON & O'CONNOR (1986). Eine anschauliche Beschreibung der Konsolidierungsvorgänge bei Ablagerungen von Schwebstoffen liefert beispielsweise LE HIR (2007).

Verteilung der Schwebstoffe im Hauptgerinne

Die wesentliche Größe, die die Menge der in einen Retentionsraum eingetragenen und dort abgelagerten Schwebstoffe bestimmt, ist die Konzentration und Kornzusammensetzung der Schwebstoffe im Nahfeld des Einlaufs in den Retentionsraum. Vor der Betrachtung der Prozesse im Retentionsraum selbst steht also die Charakterisierung der Schwebstoffe im Hauptgerinne.

Die Ausbreitung von Schwebstoffen folgt prinzipiell denselben Mechanismen wie die Ausbreitung gelöster, d. h. sie werden ebenfalls durch Advektion und Diffusion (Kapitel 2.2.1) mit der Strömung transportiert und verteilt. Das Eigengewicht der Partikel ist dafür verantwortlich, dass Schwebstoffe auch nach langen Fließstrecken häufig nicht gleichmäßig über den Querschnitt verteilt sind. Die Sinkgeschwindigkeit und die Turbulenzbewegung stehen sich als wesentliche Mechanismen gegenüber. Je kleiner die Partikel, d. h. je kleiner das Eigengewicht, und je stärker die Turbulenz, desto gleichmäßiger sind die Partikel über die Tiefe verteilt. Größere Teilchen in einer schwächeren Strömung liegen dagegen stark geschichtet vor. In Sohlnähe finden sich hier höhere Konzentrationen als in den oberen Wasserschichten. In einer Strömung werden immer verschiedene Kornfraktionen gleichzeitig transportiert. Dies sorgt dafür, dass sich in der Summe in aller Regel eine Schichtung einstellt, bei der in Sohlnähe die gröberen Kornfraktionen überwiegen.

Unter der Annahme eines Gleichgewichtszustandes aus Absinkbewegung aufgrund des Eigengewichts und Aufwärtsbewegung durch die Turbulenz ohne Deposition oder Erosion lässt sich aus der allgemeinen Transportgleichung ein Konzentrationsprofil der Schwebstoffe ableiten. Für einfache Randbedingungen (unbeeinflusste, zweidimensionale Strömung, konstante Sinkgeschwindigkeit) kann die partielle Differentialgleichung vereinfacht und analytisch gelöst werden. Als Ergebnis erhält man die Konzentration C_p abhängig von der Tiefe z als Vielfaches einer bodennahen Bezugskonzentration. Die Herleitung kann beispielsweise bei RAUDKIVI (1998) nachgelesen werden.

Dieses vertikale Konzentrationsprofil $C_p(z)$ bezogen auf eine bekannte Konzentration C_a in einer Höhe z = a nahe der Sohle lässt sich nach ROUSE (1937) wie folgt berechnen:

$$\frac{C_p(z)}{C_a} = \left(\frac{a}{z} \cdot \frac{z-h}{a-h} \right)^E \quad , \text{ wobei } E = \frac{w_s}{\kappa \cdot u_*} \tag{4.12}$$

In Gleichung (4.12) bezeichnet h [m] die gesamte Fließtiefe und κ [-] die von-Kármán-Konstante mit einem Wert von $\kappa = 0{,}4$. Je größer der Exponent E ist, desto mehr überwiegt das Eigengewicht der Partikel und desto stärker ausgeprägt ist die Schichtung. In Abbildung 4-5 sind verschiedene Lösungen der Gleichung (4.12) dargestellt.

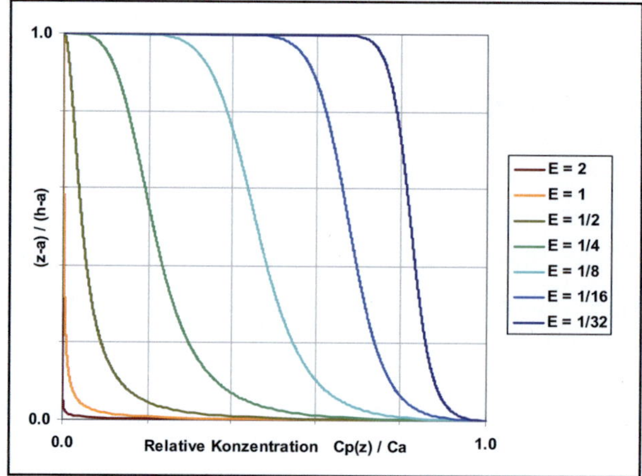

Abbildung 4-5: Vertikale Konzentrationsverteilung von Schwebstoffen für verschiedene Verhältnisse $E = w_s/(\kappa \cdot u_*)$ aus Sinkgeschwindigkeit und Strömungsintensität.

Die Verteilung der Schwebstoffkonzentration über die Fließtiefe ist dimensionslos für verschiedene Exponenten E [-] dargestellt. Je größer E, desto mehr überwiegt das Eigengewicht der Partikel und desto stärker ausgeprägt ist die Schichtung.

Gleichung (4.12) kann für eine grobe Abschätzung der Ausprägung von Schichtungen in Fließgewässern herangezogen werden. Informationen zur Schichtung sind vor allem dann wichtig, wenn einzelne Punktmessungen der Schwebstofffracht oder –konzentration als repräsentative Werte für den gesamten Fließquerschnitt herangezogen werden.

Ähnlich wie die gelösten Stoffe werden auch die Schwebstoffe im Fluss in transversaler und longitudinaler Richtung transportiert und verteilt. Aufgrund der inhomogenen Zusammensetzung der Schwebstoffe, die sich zudem entlang des Fließweges beispielsweise durch Ablagerung, Erosion oder Zuflüsse schnell ändern kann, ist eine allgemeine Ableitung von Längenskalen bis zur vollständigen Durchmischung o. ä., vergleichbar mit dem Vorgehen bei gelösten Stoffen, allerdings nicht zweckmäßig.

Abhängig vom Strömungsfeld, der Gerinnegeometrie und der Zusammensetzung der Schwebstoffe kann die Schwebstoffverteilung deutlich vom idealisierten Zustand (mehr oder weniger stark ausgeprägte vertikale Schichtung, keine Variation der Konzentration in horizontaler Richtung) abweichen (z. B. ROTARU et al. 2006, WANG et al. 2000).

Eintrag von Schwebstoffen in den Retentionsraum

Mit dem Wasser werden die Schwebstoffe in den Retentionsraum eingetragen. Aufgrund der veränderten Strömungsbedingungen abseits des Hauptgerinnes verändert sich auch die Feststoffdynamik. Während bei Hochwasserereignissen wegen der damit verbundenen hohen Abflüsse und der hohen Fließgeschwindigkeiten im Hauptgerinne Transport und Erosion überwiegen und sich kaum Schwebstoffe ablagern, nehmen auf den Vorländern die Fließgeschwindigkeiten in der Regel deutlich ab (Zunahme des benetzten Umfangs, Vegetation). Dies hat zur Folge, dass die Deposition an Bedeutung gewinnt.

Häufig wird davon ausgegangen, dass auf den Überflutungsflächen die Erosion vernachlässigt werden kann. Diese Annahme ist gerechtfertigt, wenn im Retentionsraum nur geringe Fließgeschwindigkeiten vorherrschen und eine dichte, bodenbedeckende Vegetation vorhanden ist. In stärker durchströmten Rinnen des Vorlandes, z. B. bei Altarmen, kann die Deposition stark zurückgehen und Erosionseffekte können nicht unbedingt als vernachlässigbar angesehen werden. Zu berücksichtigen ist auch, dass sich das lokale Strömungsfeld während einer Hochwasserwelle instationär ändert. Zu einem bestimmten Zeitpunkt des Hochwassers abgelagertes Material kann zu einem späteren Zeitpunkt von derselben Hochwasserwelle wieder resuspendiert werden. So können eingetragene, bereits abgelagerte Schwebstoffe innerhalb des Retentionsraums umgelagert oder auch wieder ausgetragen werden.

Die lokale Mikrotopographie des Geländes mit der hohen Variabilität von Fließtiefen und -geschwindigkeiten auf den Vorländern führt zu lokal stark variablen Sedimentablagerungen. Dennoch lassen sich einige grundlegende Charakteristika der Ablagerungsmuster feststellen, die im Folgenden vorgestellt und diskutiert werden.

Im Bereich des Übergangs von Hauptgerinne zu Vorland nehmen die Fließtiefen und die Fließgeschwindigkeiten in Hauptfließrichtung auf kurzer Strecke stark ab. Die großen Geschwindigkeitsgradienten in lateraler Richtung verursachen eine Scherzone mit hohem Impulsaustausch und starker Wirbelbildung. Dieser Übergangsbereich zwischen Hauptgerinne und überflutetem Vorland wird **Interaktionszone** genannt (SHIONO & KNIGHT 1991).

Die Energie des Wassers nimmt im Bereich der Interaktionszone zum Vorland hin stark ab und mit ihr die Transportkapazität der Strömung. Bereits in der Interaktionszone lagert sich deshalb ein Teil der in Schwebe transportierten Feststoffe ab. Vor allem die gröberen Sedimentanteile können hier nicht mehr weiter transportiert werden. In den Ablagerungen wird deshalb in der Regel eine Korngrößensortierung vom Hauptgerinne weg beobachtet, wobei der mittlere Korndurchmesser in der Interaktionszone stark abnimmt. Im weiteren Verlauf des Vorlandes ist diese Korngrößensortierung deutlich geringer ausgeprägt. Gröberes Sedimentmaterial findet sich auf den Vorländern also vorwiegend in der Nähe des Hauptgerinnes. Die feineren Anteile der Schwebstoffe sind in den Ablagerungen des gesamten Überflutungsbereichs vertreten (Abbildung 4-6).

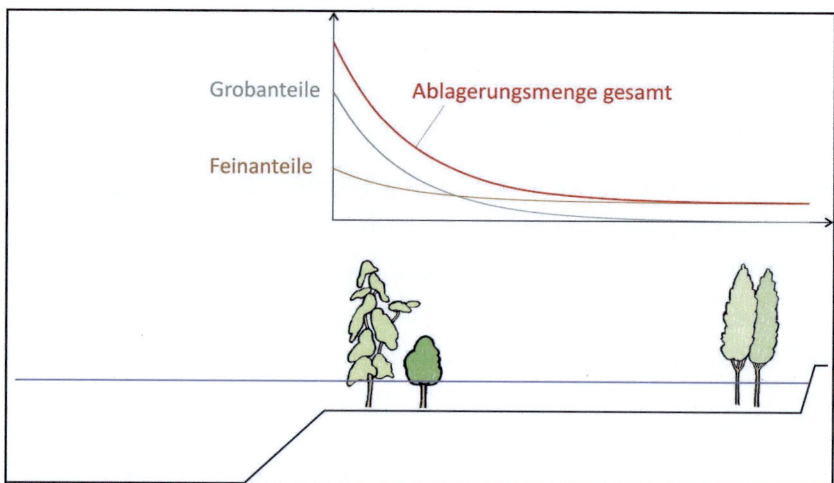

Abbildung 4-6: Stark vereinfachte, schematische Darstellung der Sedimentablagerungsmengen auf einem überfluteten Vorland. Die gröberen Anteile lagern sich vorwiegend in der Nähe des Hauptgerinnes ab, bei den feineren Anteilen tritt eine solche Sortierung weniger deutlich auf.

Nach JAMES (1985) lässt sich die Breite dieser Interaktionszone ungefähr aus den Wassertiefen in Hauptgerinne und Vorland entsprechend Gleichung (4.13) abschätzen.

$$B_{\text{Interaktionszone}} = 2 \cdot 0{,}64 \cdot h_{\text{Vorland}} \cdot (h_{\text{Hauptgerinne}} / h_{\text{Vorland}} - 1) \qquad (4.13)$$

Typische Breiten der Interaktionszone liegen bei 2 bis 10 Metern. ImRahmen des Forschungsprojekts Rimax-HoT (MOHRLOK et al. 2009) wurde beobachtet, dass die gröberen Sedimentanteile vor allem in den Ablagerungen auf einem Streifen von etwa der 3- bis 4-fachen Breite der so ermittelten Interaktionszone vorgefunden wurden. Die Erkenntnisse aus den Untersuchungen des Projekts reichen jedoch nicht aus, um eine Allgemeingültigkeit dieser Beobachtung zu begründen.

Darüber hinaus wird die Menge der lokal abgelagerten Sedimente signifikant beeinflusst, wenn Wasser bei ablaufender Hochwasserwelle in Senken zurückgehalten wird. Hier lagert sich das mit dem Flusswasser eingetragene Sediment vollständig ab. Vor allem bei Hochwasserereignissen von kürzerer Dauer, bei denen ein Großteil des eingetragenen Sediments vor dem vollständigen Absinken wieder ausgetragen wird, ist dieser Effekt, was die relative Verteilung der Sedimentablagerungen angeht, von Bedeutung.

Auch die Vegetation kann eine verstärkte Deposition auslösen. Zum einen verringert die Vegetation durch ihren Fließwiderstand die lokalen Strömungsgeschwindigkeiten, so dass die Transportkapazität des Wassers abnimmt. Zum anderen bewirkt selbst niedrige Vegetation ein „Auskämmen" von Sedimenten. Beobachtungen zeigen, dass selbst bei hohen Fließgeschwindigkeiten eine gewisse Deposition auftritt (NICHOLAS et al. 2006).

Hohe Fließgeschwindigkeiten können zuvor abgelagertes Material auch wieder erodieren und innerhalb des Überflutungsgebietes umlagern oder aus dem Gebiet austragen. Je länger dabei die Ablagerung des Sediments zurückliegt, desto größer ist der Erosionswiderstand. Gründe dafür sind zum einen die allmähliche Konsolidierung, d. h. die Verfestigung des Materials aufgrund des Eigengewichts, zum anderen die Verfestigung des Bodens durch Wurzelwuchs.

Zusammenfassend lässt sich festhalten, dass Advektion und Diffusion in unterschiedlicher Weise für den Eintrag von Schwebstoffen in Retentionsräume sorgen. Die Vorländer können als Sedimentquelle (Erosion) sowie als Sedimentsenke (Deposition) wirken. In der Regel überwiegt in der Summe über einen Retentionsraum betrachtet die Deposition deutlich. Die Ablagerungsmuster auf überfluteten Vorländern sind dabei stark von der lokalen Geländegeometrie und der Bewuchssituation abhängig.

4.2.2 Messtechnische Konzentrationsbestimmung schwebstoffgebundener Schadstoffe im Fließgewässer

Bestimmung des Schwebstoffgehalts im Fließgewässer

Der Schwebstoffgehalt im Fließgewässer wird im Allgemeinen als Masse Trockensubstanz pro Gesamtvolumen ($[\text{kg TS}/\text{m}^3]$) angegeben. Sie kann mit verschiedenen, nachfolgend beschriebenen Methoden bestimmt werden. Weiterhin müssen Schwebstoffe aus dem Fließgewässer extrahiert werden, um die Beladung der Schwebstoffe mit Schadstoffen bestimmen zu können.

Eine grobe Abschätzung des Schwebstoffgehaltes kann auf schnelle und einfache Art über die **Bestimmung der Trübung** des Fließgewässers erfolgen. Hierzu müssen aber zunächst Vergleichsmessungen mit genauen Methoden durchgeführt werden, anhand derer standortbezogen eine Beziehung zwischen den beiden Größen aufgestellt werden kann. Zudem muss beachtet werden, dass sich der funktionale Zusammenhang zwischen Trübung und Schwebstoffkon-

zentration ereignisabhängig verändern kann, beispielsweise durch Änderungen der Korngrößenverteilung in Suspension oder durch Änderungen des organischen Gehaltes.

Zur genauen und verlustfreien Bestimmung des Schwebstoffgehaltes eines Gewässers eignet
sich die **Membranfiltrationsmethode**, die mit verhältnismäßig wenig Aufwand durchgeführt
werden kann. Es werden handelsübliche 0,45-µm-Membranfilter, wie sie in der Mikrobiologie
eingesetzt werden, verwendet. Nach der Filtration wird der mit Schwebstoffen beladene Filter
gefriergetrocknet und auf einer Analysewaage gewogen. Die Differenz zwischen dem Gewicht
des beladenen Filters und dem zuvor gewogenen unbeladenen Filter ergibt den Gehalt der „Ab-
filtrierbaren Stoffe" pro filtriertem Wasservolumen ([kg TS/m³]).

Das Gewicht eines unbeladenen Filters liegt im Bereich um 100 mg. Bei Wassertrübungen > 20
NTU reicht erfahrungsgemäß als Filtrationsvolumen ein Volumen von 2 Litern aus, um genaue
Werte zu erhalten. Bei Wassertrübungen < 5 NTU ist die Filtration von mindestens 10 Litern
Wasser ratsam.

Wenn die Schwebstoffe auch auf ihre Beladung mit Schadstoffen weiter untersucht werden
müssen, und damit große Mengen an Schwebstoffen erforderlich sind, ist die Bestimmung des
Schwebstoffgehaltes mit einer schnelldrehenden (> 10 000 U/min) **Durchlaufzentrifuge** zu
empfehlen. Die Laufzeit der Zentrifuge und die Einstellungen für den Durchfluss sind von der
Trübung des Wassers abhängig. Diese ist so zu wählen, dass zum Ende der Laufzeit einer Probenahme im Innern des rotierenden Hohlzylinders mindestens noch der halbe Durchmesser für
den Abtransport des Wassers übrig bleibt. Andernfalls kann es dazu kommen, dass insbesondere am Folienrand Schwebstoffpartikel mitgerissen und wieder ausgetragen werden. Die feuch-
ten Rückstände werden gewogen, gefriergetrocknet und danach wieder gewogen. Mit der
Kenntnis des zentrifugierten Wasservolumens ist die Angabe der „Abzentrifugierbaren Stoffe"
[kg TS/m³] möglich.

Für manche Fragestellungen ist es interessant zu wissen, wie viel der Abzentrifugierbaren Stoffe sich in 24 Stunden auf einer zur Verfügung stehenden Sedimentationsstrecke von 0,25 m
absetzen („**Absetzbare Stoffe**"). Hierzu werden bestimmte abgewogene Nassschlammmengen
aus der Durchlaufzentrifuge in 10-Liter-Wassereimern, die mit Zentrifugenablaufwasser gefüllt
sind, 10 Minuten bei 500 U/min mit elektrischen Rührern gerührt und 24 Stunden stehen gelas-
sen. Nach 24 Stunden Absetzzeit wird das überstehende Wasser bis auf 5 cm über Grund vorsichtig per Schlauch abgehebert. Das verbleibende Wasservolumen wird aus dem 10-Liter-
Eimer vorsichtig mit Hilfe einer Wasserstrahlpumpe abgezogen. Das verbleibende Restwasser-
Schlammgemisch wird in ein vorher gewogenes 250 ml Becherglas quantitativ mittels Schaber
und Spritzflasche überführt und der Gefriertrocknung unterzogen. Danach wird das Gewicht
durch Wiegen auf einer Analysewaage ermittelt. Bei bekanntem Wassergehalt des eingewoge-
nen Zentrifugennassschlamms lässt sich somit der Gehalt der Wasserprobe an auf einer Sedimentationsstrecke von 0,25 m während 24 Stunden Absetzbaren Stoffen [kg TS/m³] berechnen.

Versuche, bei denen das trübe Originalwasser in 1 m³-PE-Containern mit Bodenablauf auf einer
Sedimentationsstrecke von 1 m für 24 Stunden zur Sedimentation verweilt und durch Abhebern
wie zuvor beschrieben aufkonzentriert wird, erfordern einen wesentlich höheren Arbeits- und
Zeitaufwand.

Wenn der Schwebstoffgehalt nicht quantifiziert werden muss, eignet sich zur qualitativen Gewinnung von Sedimenten aus Fließgewässern eine von der LUBW entwickelte **Sedimentfalle** (LfU 1996) (Abbildung 4-7). Sie wurde ursprünglich zur Aufstellung auf Überflutungsflächen entwickelt, kann aber auch direkt in den Fließgewässerstrom eingebracht werden, soweit ihre Lage dort stabil gehalten werden kann.

Abbildung 4-7: Sedimentfalle der LUBW

Das Wasser strömt durch drei Öffnungen des oben mit einem verschraubten Deckel geschlossenen Kastens zunächst durch eine kleinere erste Kammer, dann durch eine zweite größere Kammer und danach wieder aus drei gleich großen Öffnungen, die etwas höher gelagert sind, aus dem Sedimentationskasten heraus. Nach dem Einsatz wird der Inhalt des Kastens über ein 0,73 mm Edelstahlfilter in einen 10 L Eimer filtriert. Danach erfolgt die weitere Konzentrierung durch Abhebern und Abdekantieren mit der gleichen Methodik, wie sie bei den Absetzbaren Stoffen beschrieben ist.

Der **Fließgewässer-Schwebstoffsammler BISAM** (REINEMANN & SCHEMMER 1994) hat sich im praktischen Einsatz nur eingeschränkt bewährt. Der Aufwuchs von Algen sowie das Hängenbleiben von Gras, Zweigen und Kraut führen zum häufigen Ausfall des Gerätes. Probleme bereitet außerdem die Befestigung an Bojen oder Krananlagen. Wie die Sedimentfalle der LUBW sammelt auch der Schwebstoffsammler BISAM selektiv, d. h. im Sammler lagern sich bevorzugt die gröberen Schwebstoffe ab.

Bestimmung der Schadstoffmenge pro Schwebstoffmenge sowie deren Wirksamkeit

Die Bestimmung der an Schwebstoffen gebundenen Schadstoffmenge gestaltet sich deutlich aufwendiger als die Untersuchung der Wasserphase. Der eigentlichen Analyse geht eine Probenaufbereitung voraus. Die gewonnenen Schwebstoffe werden nach Einwaage gefriergetrocknet, wodurch relativ schonend das Wasser aus der Probe entfernt wird. Danach folgt die Abtrennung des Materials > 600 µm sowie im Falle von Untersuchungen auf Schwermetalle der Fraktion > 20 µm. Da hierzu meist eine Trennung im Ultraschall mit Flüssigdispergierung erforderlich ist, schließt sich eine erneute Gefriertrocknung an. Erst nach diesen vorbereitenden Schritten kann die eigentliche Analyse des Materials erfolgen, wobei evtl. vorhandene Schadstoffe erst zu eluieren sind, bevor die Eluate für die Analytik mit gängigen Messgeräten aufbereitet werden können. Geeignete Analysemethoden wurden in Kapitel 3.4 vorgestellt.

4.2.3 Zeitlicher Konzentrationsverlauf schwebstoffgebundener Schadstoffe im Fließgewässer

Wie bei den gelösten Stoffen sind auch die Konzentrationen und Zusammensetzungen schwebstoffgebundener Schadstoffe zeitlich variabel und können sich insbesondere im Hochwasserfall drastisch ändern. Bei durchschnittlichem Abfluss werden, in Abhängigkeit von der Strömungsgeschwindigkeit, zunächst bevorzugt Partikel von geringer Größe (mineralische Tone und Schluffe, aber auch organisches Material, z. B. Algen, Huminstoffe oder teilzersetzte Blätter und Ähnliches) transportiert. Bei zunehmendem Abfluss werden auch Partikel der Sand- und Kiesfraktionen in der Wassersäule mitgeführt. Schadstoffe binden bevorzugt an organische Matrix und toniges Material, da diese eine Vielzahl von Bindungsstellen und große spezifische Oberflächen besitzen. Deshalb erhöht sich die Schadstofffracht in der fließenden Welle zum einen durch Oberflächenabflüsse, die viel organisches Material und Feinkörner enthalten, zum anderen durch Erosion, durch die auch schon bei gering erhöhten Abflüssen Körner geringer Größe abtransportiert werden. Hingegen spielen die z. B. an Sand gebundenen Schadstoffe meist eine untergeordnete Rolle für deren Eintrag in die Hochwasserwelle.

Bei erhöhtem Abfluss und damit stärkeren Strömungsgeschwindigkeiten erhöht sich auch die Sohlerosion im Gewässer. Die Erosion nimmt insbesondere in Hochwässern mit niedriger jährlicher Wiederkehrhäufigkeit (seltenere Ereignisse) deutlich zu, ist jedoch u. a. von der Sedimentzusammensetzung (Ton oder Sand) wesentlich determiniert (HAAG et al. 2001). Da oft stark toxische, unpolare Schadstoffe an Sediment gebunden sind, tragen diese im Hochwasserfall durch Remobilisierung häufig wesentlich zur biologischen und chemischen Gesamtbelastung bei. Die Schadstoffkonzentration ist dann durch ihre Verteilung im Sediment bestimmt. HCB kann am Rhein z. B. bis in Sedimenttiefen von über einem Meter nachgewiesen werden. Die Konzentrationen waren ursprünglich aufgrund des frühen Produktionsverbotes mit der Tiefe zunehmend (Altersschichtung, mit jüngerem Sediment überdeckt), sind mittlerweile wegen mehrfacher Verlagerung und Weitertransport jedoch stark inhomogen und im Auftreten wenig vorhersehbar. Deshalb können am Rhein tief einschneidende Hochwasserereignisse zu hohen HCB-Konzentrationen im Schwebstoff führen. Andere oberflächennah abgelagerte Substanzen würden dann nur in einem begrenzten Zeitraum bei zunehmendem Abfluss auffällig erhöht konzentriert vorliegen. Generelle Aussagen sind nur bedingt möglich, da sich Schadstoffbelastungen und die Tiefen der Kontamination je nach Fluss- und Einzugsgebiet stark unterscheiden können. Letztlich müssen Daten des jeweiligen Flusssystems über die Sedimentzusammensetzung und Erosionsstabilität herangezogen werden, um Abschätzungen über die Erosion von Partikeln zu ermöglichen. Zur Ermittlung spezifischer Belastungsmuster und damit der relevanten Schadstoffe ist es notwendig, auf Literatur zum jeweiligen Fluss bzw. Einzugsgebiet zurückzugreifen. So können beispielsweise historische und standorttypische Kontaminationen erfasst und gezielt analysiert werden.

Einerseits konnte in Studien an Rhein und Neckar mehrfach gezeigt werden, dass die Maxima des Hochwasserabflusses und der biologischen Wirksamkeit sowie chemisch analysierter Stoffkonzentrationen in verschiedenen Hochwasserereignissen zeitgleich auftraten (WÖLZ et al. 2008, 2009). In Abhängigkeit der verschiedenen Einzugsgebiete variierten lediglich die ermittelten Stoffzusammensetzungen sowie die Konzentrationen der einzelnen Kontaminanten. Andererseits zeigen Untersuchungen vor allem an Flüssen mit großen Einzugsgebieten, dass die Maximalwerte der Schwebstofffracht häufig nicht mit dem Abflussscheitel zusammentreffen. Je nach Entstehung der Hochwasserwelle und Herkunft der Sedimente (aus dem Einzugsgebiet oder aus Erosion im Flussschlauch) können ganz unterschiedliche Muster der Welle der Schwebstofffracht auftreten.

4.2.4 Messtechnische Bestimmung des Schwebstoffrückhalts im Retentionsraum

Der Schwebstoffrückhalt in einem Retentionsraum ist zum einen charakterisiert durch die Menge an zurückgehaltenem Sedimentmaterial, angegeben durch eine Sedimentmenge pro Flächeneinheit M_{dep} [kg/m²], als lokale Ablagerungsdicke z_{dep} [mm] oder als im Gebiet zurückgehaltene Gesamtmenge $m_{dep,ges}$ [kg]. Daneben ist zum anderen auch die Korngrößenverteilung der jeweils abgelagerten Sedimente von Interesse, da bekannt ist, dass Schadstoffe in der Regel bevorzugt an kleine Partikel sorbieren.

Die Methoden zur Bestimmung der zurückgehaltenen Schwebstoffmenge in einem Retentionsraum bzw. auf einer Überflutungsfläche lassen sich danach in zwei Gruppen unterteilen, die sich in der Betrachtungsweise der Hochwasserereignisse unterscheiden. Die erste Gruppe betrachtet die Ablagerungen auf der Ereignisskala, untersucht also die Sedimentmenge, die sich während eines bestimmten, klar definierten Hochwassers ablagert. Den Methoden der zweiten Gruppe liegt eine längerfristige Betrachtungsweise zugrunde. Einzelne Hochwasserereignisse sind hier weniger von Interesse, vielmehr steht die langfristige morphologische Veränderung des Vorlands im Blickpunkt. In Abbildung 4-8 ist eine Übersicht über die verschiedenen Herangehensweisen dargestellt.

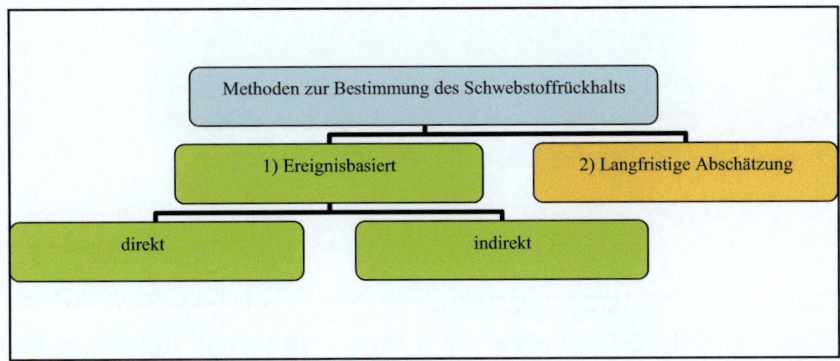

Abbildung 4-8: Klassifizierung der Methoden zur Bestimmung des Schwebstoffrückhalts.

Messung des Schwebstoffrückhalts während eines Einzelereignisses

Die Messmethoden zur Erfassung der Ablagerungsmengen während eines Hochwasserereignisses lassen sich weiter untergliedern in direkte und indirekte Methoden. Bei den direkten Methoden wird mit Sedimentfallen die lokal abgelagerte Sedimentmenge bestimmt. Indirekte Methoden messen Konzentrationsunterschiede zwischen dem Gebietsein- und -auslauf und berechnen daraus den Sedimentrückhalt innerhalb des Gebietes. Die direkten Methoden liefern folglich punktuelle Werte der Ablagerungsmengen, wodurch zur Ermittlung der Gesamtmenge der Deposition eine Interpolation bzw. eine Extrapolation erforderlich ist. Die indirekten Methoden hingegen liefern integrative Werte ohne Informationen zur räumlichen Verteilung der Ablagerungen. Bei extremen Hochwasserereignissen mit sehr großen Ablagerungsmengen wurde auch versucht, nachträglich nach dem Ablaufen der Hochwasserwelle die Dicke der neuen Sedimentablagerungen zu bestimmen. Dieses Verfahren ist jedoch nur bei sehr großen Hochwasserereignissen einsetzbar und die Güte der Ergebnisse schwankt stark mit der Möglichkeit der Unterscheidung der Sedimentschichten, weshalb es für die Standardanwendung nicht empfehlenswert ist.

Zur lokalen Bestimmung von Ablagerungsmengen mit Sedimentfallen finden sich in der Literatur verschiedene Verfahren. Abbildung 4-9 zeigt exemplarisch eine 50 x 50 cm große Kunstrasenmatte. Kunstrasenmatten wurden in der Vergangenheit wegen der zur Umgebung ähnlicheren Oberfläche bevorzugt eingesetzt. Beispiele dafür finden sich bei LAMBERT & WALLING (1987), ASSELMAN & MIDDELKOOP (1995), NICHOLAS & WALLING (1998), BABOROWSKI et al. (2007) oder BLEECK-SCHMIDT (2008). Wesentlich für die direkte Erfassung der abgelagerten Schwebstoffmengen ist ein Ausbringen der Sedimentfallen kurz vor dem Hochwasserereignis, um einerseits Verunreinigungen zu vermeiden, die keinen Bezug zum Hochwasserereignis haben, und andererseits die gesamte Ablagerungsmenge zu erfassen. Wesentlich ist auch das zeitnahe Bergen der Sedimentfallen nach dem Rückgang der Hochwasserwelle.

Abbildung 4-9: Kunstrasenmatte als Sedimentfalle (Foto: G. Hillebrand)

Sowohl LAMBERT & WALLING (1987) als auch GRETENER & STROMQUIST (1987) vergleichen ihre Ergebnisse der lokalen Ablagerungsmengen mit Ergebnissen einer indirekten Bestimmung der mittleren Ablagerungsraten aus der Veränderung der Schwebstoffkonzentration zwischen Gebietseinlauf und -auslauf. Die wesentlichen Erkenntnisse dieser Vergleiche sind, dass sich bei Verwendung einer großen Menge an Sedimentfallen der Fehler, der sich durch die Hochrechnung lokaler Messwerte auf die Gesamtfläche ergibt, deutlich verringert und die Ergebnisse mit den Werten aus der indirekten Methodik konsistent sind. Andererseits zeigen sie auch, dass die Extrapolation aus wenigen Messpunkten auf eine Gesamtablagerungsmenge kritisch zu betrachten ist. Je nach Fragestellung sollte also die eine oder die andere Verfahrensweise oder eine Kombination verschiedener Verfahren zum Einsatz kommen.

Messung der langfristigen Änderung der Vorlandtopographie

Die langfristige Veränderung der Geländegeometrie über mehrere Jahre bis Jahrhunderte liegt im Fokus der zweiten Gruppe von Messmethoden. Sie versuchen, einzelne Bodenschichten einem bestimmten Datum zuzuordnen. Die Ablagerungsdicke zwischen datierten Schichten kann dann in mittlere Depositionsraten, beispielsweise in Millimetern pro Jahr, umgerechnet werden. Zur Datierung werden beispielsweise Radionuklide verwendet, die der Ablagerung des Fallouts von Atomwaffentests einer bestimmten Zeitspanne oder von Schadensfällen an Kernkraftwerken (z. B. Tschernobyl 1986) zugeordnet werden können (WALLING & HE 1998). Historische Querprofildaten können ebenfalls herangezogen werden, um auf die zeitliche Entwicklung der Vorlandgeometrie zu schließen (z. B. ROMMEL 2005).

Bestimmung der Kornverteilung der abgelagerten Sedimente

Neben der reinen Menge der abgelagerten Schwebstoffe ist auch die Korngrößenverteilung von Interesse. In der Wasserwirtschaft und der Bodenkunde verbreitete Verfahren sind die Siebung sowie die Sedimentationsanalyse. Die Korngrößenverteilung bei Bodenproben mit Korngrößen über 0,063 mm wird nach DIN 18123 (1996) durch Siebung bestimmt. Bodenproben mit Korngrößen kleiner 0,125 mm werden mithilfe der Sedimentation analysiert. Für sehr feine Partikelfraktionen zwischen 0,05 µm und 65 µm kann auf die Beschreibung der Sedimentationsanalysen nach DIN 66111 (1989) zurückgegriffen werden. Daneben kommen auch andere Messverfahren in Frage, z. B. optische Zählverfahren. Sie bieten sich vor allem bei geringen Probemengen an. Für Proben bindiger Böden sind beispielsweise für die Sedimentationsanalyse nach dem Aräometerverfahren Probenmengen von etwa 40 g Trockenmasse notwendig. Eine Untersuchung im Lasergranulometer kann hingegen mit deutlich geringeren Probemengen durchgeführt werden. Bei zu geringer Probenmenge leidet allerdings die Reproduzierbarkeit (STÖRTENBECKER 1992).

4.2.5 Modellierung der Sedimentablagerungen im Retentionsraum

Für die Prognose von Ablagerungsmengen (z. B. für ein Variantenstudium in der Planungsphase eines Retentionsraums) ist die Modellierung ein wichtiges Hilfsmittel. Es existiert eine große Zahl verschiedener Berechnungsansätze mit unterschiedlichem Detaillierungsgrad und unterschiedlicher Komplexität. Im vorliegenden Kapitel werden einige Grundzüge der Modelle erläutert und wesentliche Unterschiede herausgearbeitet und bewertet. Die einzelnen Modelle werden hier nicht tiefer gehend vorgestellt oder betrachtet. Für die genauere Beschreibung der jeweiligen Berechnungsansätze und Modellparameter wird auf die entsprechende Literatur verwiesen.

Berechnungsmodelle zur Prognose der Sedimentablagerungen in Retentionsräumen lösen meist die in verschiedener Weise vereinfachte Advektions-Diffusions-Transportgleichung der Schwebstoffe, wobei die Ablagerung einen Senkenterm in der Transportgleichung darstellt. Analytische oder numerische Lösungen der ein-, zwei- oder dreidimensionalen Transportgleichung liefern lokale Werte der Schwebstoffkonzentration C. Die Senkenterme werden ihrerseits als Funktion der Schwebstoffkonzentration beschrieben. Eine iterative Berechnung ergibt die räumliche Verteilung der Schwebstoffkonzentration sowie die lokalen Ablagerungsmengen M_{dep}. Die Ablagerungsmenge ist die Zielgröße zur Bestimmung des Sedimentrückhalts im Retentionsraum. Daneben finden sich in der Literatur auch vereinfachte oder vollempirische Berechnungsansätze für die lokalen Ablagerungsmengen M_{dep}, die nicht auf einer Berechnung der Schwebstoffkonzentrationsverteilung beruhen.

Die Entscheidung, welche Komplexitätsstufe und welcher Detaillierungsgrad notwendig oder gewünscht sind, hängt stark von der Fragestellung, aber auch von der vorhandenen Datengrundlage ab. Eine sehr grobe Abschätzung lokaler Ablagerungsmengen ist bereits auf Basis der lokalen Überflutungshöhen während des Hochwassers möglich. Für detaillierte Informationen zur räumlichen Verteilung der Ablagerungsmengen im Retentionsraum sind Eingangsdaten zur Topographie, zur Strömung sowie zu den eingetragenen Sedimenten notwendig. Je nach Zielsetzung können unterschiedliche Annahmen und Vereinfachungen getroffen werden oder auch unzulässig sein.

Eine exemplarische, nicht erschöpfende Auswahl an Modellansätzen ist in Tabelle 4-1 aufgeführt. Die ersten drei genannten Ansätze kommen ohne Informationen zu lokalen Strömungsgeschwindigkeiten aus, sie berücksichtigen einen rein diffusiven Transport der Schwebstoffe in lateraler Richtung über den Vorländern. Alle anderen genannten Ansätze basieren im Wesentlichen auf einer hydrodynamisch-numerischen Strömungsmodellierung, die Informationen zu lokalen Wassertiefen und Fließgeschwindigkeiten liefert.

Die meisten dieser Verfahren gehen von einer zweidimensional-tiefengemittelten Betrachtungsweise aus. Die Unterschiede der zitierten Ansätze liegen hauptsächlich in Details der Transportberechnung sowie in den verwendeten numerischen Verfahren. Auf die formelmäßige Beschreibung der einzelnen Ansätze wird hier nicht näher eingegangen, sondern auf die entsprechende Literatur verwiesen.

Die einfachen diffusionsbasierten Ansätze können hilfreich sein, um eine grobe Vorstellung von der Verteilung der Ablagerungsmengen zu bekommen. Kritisch zu betrachten ist ihre Verwendung vor allem in Fällen, in denen advektive Prozesse eine wesentliche Rolle spielen. Beispielsweise können vorhandene Altarme bei Hochwasser reaktiviert werden. In ihnen können große Schwebstoffmengen mit der Strömung in den Vorlandbereich eingetragen werden. Dies führt in einem rein diffusiven Modell zu einer deutlichen Unterschätzung der Ablagerungsmengen. In Bezug auf die Modellierung von Retentionsräumen erscheinen die Ansätze nur anwendbar im Falle ungesteuerter Polder z. B. durch Deichrückverlegung, die eine reine Verbreiterung des Vorlandes auf einer Ebene darstellen.

Generell sind für die Modellierung von Ablagerungsmustern Ansätze zu empfehlen, die auf die Ergebnisse eines kalibrierten hydrodynamisch-numerischen Modells aufbauen. Prinzipiell ist eine direkte Kopplung der Transportmodellierung mit der Strömungsmodellierung möglich. Aufgrund der typischerweise relativ geringen Ablagerungshöhen (Millimeter bis wenige Zentimeter) auf den Vorländern während eines Hochwassers ist diese Kopplung bei einer Modellierung auf Ereignisskala in der Regel nicht notwendig.

Tabelle 4-1: Auswahl verschiedener Modellierungsansätze zur Bestimmung lokaler Ablagerungsmengen auf überfluteten Vorländern.

Literaturquelle	Modellansatz	notwendige Datengrundlage
Pizzuto (1987)	vereinfachte Transportgleichung, turbulente Diffusion, keine Querströmung auf dem Vorland, tiefengemittelt	Vorlandtopographie, Wassertiefen, Schwebstoffkonzentration im Hauptgerinne
Howard (1992)	exponentielle Abnahme der Schwebstoffkonzentration vom Hauptgerinne weg	lokale Überflutungshöhe, Abstand zum Hauptgerinne
Marriott (1996)	exponentielle Abnahme der Ablagerungsmenge vom Hauptgerinne weg, ausgehend von der Deposition im Hauptgerinne	Abstand zum Hauptgerinne, Sedimentation im Hauptgerinne (ufernah)
James (1985)	vereinfachte Transportgleichung, stationär, keine vertikale Advektion, keine Gradienten in Fließrichtung	Vorlandtopographie, Wassertiefen, laterale Strömungsgeschwindigkeiten, Partikelsinkgeschwindigkeit, Schwebstoffkonzentration im Hauptgerinne
Walling, He & Nicholas (1996)	vereinfachte Transportgleichung, stationär, tiefengemittelt, isotrope horizontale Diffusivität	Vorlandtopographie, Wassertiefen, horizontale Strömungsgeschwindigkeiten, Partikelsinkgeschwindigkeit, Schwebstoffkonzentration im Hauptgerinne
Middelkoop (1997)	vereinfachte Transportgleichung, Advektion als dominanter Parameter	Vorlandtopographie, Wassertiefen, horizontale Strömungsgeschwindigkeiten, Partikelsinkgeschwindigkeit, Schwebstoffkonzentration im Hauptgerinne
Nicholas, Walling, Sweet & Fang (2006)	2-D-Transportgleichung, tiefengemittelt, quasistationär	Vorlandtopographie, Wassertiefen, horizontale Strömungsgeschwindigkeiten, Partikelsinkgeschwindigkeit, Schwebstoffkonzentration im Hauptgerinne

Wie bereits erwähnt, hängt die erforderliche Detailtiefe, was Modellansätze, Datengrundlage und zeitliche wie räumliche Auflösung angeht, stark von der Fragestellung bzw. Zielsetzung der Transportmodellierung ab, weshalb kaum allgemeingültige Empfehlungen zur Modellauswahl gegeben werden können. Unsicherheiten in der Modellierung resultieren zum einen aus den Modellansätzen, die immer gewisse Vereinfachungen beinhalten, die aber unabhängig vom gewählten Verfahren auch eine Reihe von empirischen Parametern enthalten, die kalibriert werden müssen. Der Einfluss dieser teilweise nicht physikalisch basierten Variablen kann sehr groß sein und die Ergebnisse wesentlich beeinflussen, sowohl was die Mengen als auch was die Verteilungsmuster der abgelagerten Sedimente angeht. Andererseits beinhalten bereits die Eingangsdaten eine gewisse Unsicherheit. Besonders die Schwebstoffkonzentration im Hauptgerinne, die für fast alle Modellansätze eine wichtige Eingangsgröße darstellt, ist im Hochwasserfall messtechnisch in entsprechend hoher Auflösung nicht leicht zu bestimmen und deshalb Fehlern unterworfen (Kapitel 4.2.2). Auch andere Faktoren, wie beispielsweise die Auflösung des Berechnungsnetzes, wirken sich signifikant auf die Modellierungsergebnisse aus. HARDY et al. (1999) zeigten, dass die räumliche Gitterauflösung die Simulationsergebnisse unter Umständen stärker als die typischen Kalibrierparameter beeinflussen kann. Um die Unsicherheiten einzugrenzen, die sich aus den verschiedenen potentiellen Fehlerquellen ergeben, ist in jedem Fall eine entsprechende Analyse erforderlich, beispielsweise durch verschiedene Modellrechnungen unter unterschiedlichen Randbedingungen. Außerdem ist eine entsprechende Datengrundlage für eine Kalibrierung des Modells unbedingt notwendig, wenn Aussagen zu Ablagerungsmengen und –mustern getroffen werden müssen. Sollte eine Kalibrierung nicht möglich sein, etwa bei der Bewertung eines noch in der Planung befindlichen Retentionsraums, so wird empfohlen, aus einer oben angesprochenen Unsicherheitsanalyse „worst-case"-Szenarien zu ermitteln und der Evaluierung zugrunde zu legen.

4.2.6 Bestimmung des schwebstoffgebundenen Schadstoffrückhalts in Retentionsräumen

Die Menge der in einem Retentionsraum zurückgehaltenen partikelgebundenen Schadstoffe kann in guter Näherung als das Produkt der zurückgehaltenen Sedimentmenge (z. B. in [kg]) und der Schadstoffbeladung dieser Sedimente (z. B. in [µg/kg]) berechnet werden. Prinzipiell sind Adsorptions- und Desorptionsvorgänge im Retentionsraum während des Ablagerungsereignisses denkbar, die zu Änderungen der spezifischen Schadstoffbelastung der Sedimente führen können. Diese Prozesse können vernachlässigt werden, wenn angenommen werden kann, dass die Konzentrationen der an den Sedimenten gebundenen Schadstoffe im Gleichgewicht mit den Konzentrationen in dem sie umgebenen Oberflächenwasser vorliegen.

Bei der Bestimmung des Schadstoffrückhalts ist zu beachten, dass die Schadstoffe nicht an allen Korngrößen gleichmäßig sorbieren. Häufig wird als relevante Kornklasse die Fraktion < 600 µm (bzgl. Schwermetallen: < 20 µm) angenommen. Aus den Ergebnissen der Bestimmung der Ablagerungsmengen und –muster der Schwebstoffe muss also die entsprechende Fraktion extrahiert werden. Der Schwebstoffrückhalt der entsprechenden relevanten Kornfraktion(en) und ihrer räumlichen Verteilung gemeinsam mit der spezifischen Schadstoffbelastung C_s [-] dieser

Fraktion ergibt im Produkt schließlich die Menge und lokale Verteilung der zurückgehaltenen partikelgebundenen Schadstoffe:

$$M_{dep,adsorb.Schadstoff}(x, y) = M_{dep,fein}(x, y) \cdot C_s \tag{4.14}$$

Da die feinen Fraktionen, an die Schadstoffe vorwiegend sorbieren, wie in Kapitel 4.2.1 beschrieben im Wasserkörper über dem Vorland bzw. im Retentionsraum vergleichsweise gleichmäßig verteilt sind, kann bei langen Aufenthaltsdauern und stationären Zuständen im Retentionsraum die relevante Ablagerungsmenge $m_{dep,fein}$ [kg] für eine Bezugsfläche A [m^2] vereinfachend direkt aus der Überflutungshöhe h [m] und einer mittleren Schwebstoffkonzentration $C_{p,fein}$ [kg/m^3] der entsprechenden Fraktion berechnet werden.

$$m_{dep,fein} = C_{p,fein} \cdot h \cdot A \tag{4.15}$$

Die mittlere Schwebstoffkonzentration $C_{p,fein}$ der feinen Kornfraktion kann in einer weiteren Vereinfachung der entsprechenden Konzentration in der fließenden Welle gleichgesetzt werden. Diese Vereinfachung ist für die Berechnung schadstoffbelasteter Ablagerungen insofern gerechtfertigt, als damit die tatsächliche Ablagerungsmenge eher über- als unterschätzt wird. Für ungesteuerte Retentionsräume oder Hochwasserereignisse mit ausgeprägter Instationarität auch im Retentionsraum wird von der Vereinfachung nach Gleichung (4.15) jedoch abgeraten.

Eine Barrierewirkung für partikelgebundene Schadstoffe ergibt sich im Retentionsraum aus der Menge und der räumlichen Verteilung der abgelagerten, schadstoffbelasteten Sedimente. Die Barrierewirkung kann unterstützt werden durch Maßnahmen, die die Ablagerungsmengen verringern und/oder die Ablagerungsmuster gezielt beeinflussen. Eine Verringerung der Ablagerungsmengen könnte beispielsweise durch geringe Aufenthaltszeiten oder hohe Fließgeschwindigkeiten im Retentionsraum erzielt werden. Auch eine Verhinderung des dauerhaften Rückhalts des Wassers nach Ablaufen der Hochwasserwelle, z. B. in Senken, die nicht entleert werden, kann die Ablagerungsmenge reduzieren. Andererseits können hinsichtlich der weiteren Kompartimente Bodenzone und Grundwasserleiter bestimmte Gebiete innerhalb des Retentionsraums durch Ablagerungen stärker negativ beeinflusst sein als andere. Eine Ablagerung in einem Bereich mit vergleichsweise durchlässigem Untergrund ist anders zu bewerten als eine Ablagerung auf einem verdichteten bindigen Boden. In einem solchen Fall kann eine gezielte Beeinflussung der räumlichen Verteilung der abgelagerten Schwebstoffe die Barrierewirkung des Retentionsraums erhöhen.

5 Schadstofftransport in der Bodenzone

Während eines Flutungsereignisses können Schadstoffe in die Bodenzone (im Weiteren auch Deckschicht genannt) in gelöster Form oder an Schwebstoffen gebunden eingetragen werden. Der Eintrag von gelösten Schadstoffen aus dem Oberflächenwasser ist abhängig vom Sickerwasserfluss durch die Bodenzone. Partikulär gebundene Schadstoffe werden durch die filternde Wirkung des Porenraums der Bodenzone überwiegend an der Bodenoberfläche zurückgehalten. Die gebundenen Schadstoffe können jedoch durch das infiltrierende Oberflächenwasser gelöst und anschließend mit dem Sickerwasser innerhalb der Deckschicht verlagert werden.

Zum Verständnis des Schadstoffeintrags und der Schadstoffverlagerung über die Deckschicht kommt den Strömungsprozessen in der Bodenzone eine entscheidende Bedeutung zu. Bei der Schadstoffverlagerung in den Aquifer (Grundwasserleiter) spielen zudem Sorptions- und Abbauprozesse während der Passage der Deckschicht eine große Rolle. Im Folgenden werden zunächst die Strömungs- und Transportprozesse innerhalb der Bodenzone sowie die relevanten Prozessparameter dargestellt. Im Anschluss wird eine modellbasierte Methode zur Abschätzung des Risikos einer Grundwassergefährdung vorgestellt und schließlich die messtechnische Bestimmung der aktuellen Schadstoffbelastung in der Bodenzone beschrieben.

5.1 Strömungs- und Transportprozesse in der Bodenzone

5.1.1 Aufbau der Bodenzone in Flussauen

Als Standorte für Hochwasserretentionsräume werden häufig ehemalige Überflutungsflächen genutzt, auf denen aufgrund von Eindeichungsmaßnahmen keine regelmäßigen Überflutungen mehr stattfinden. Diese Gebiete sind zumeist durch die Landschaftseinheit der Flussauen geprägt, deren Entstehung sich über Jahrtausende der Flussentwicklung erstreckte und erst seit einem relativ kurzen Zeitraum durch menschliche Eingriffe beeinflusst wurde.

Innerhalb der Flussauen erstreckt sich die Bodenzone zwischen der Geländeoberkante und der Oberkante des tiefer liegenden Aquifers. Der Aufbau des Bodens in den Flussauen ist ein Produkt der lokalen Ablagerungs- und Erosionsprozesse, die während der flussgeschichtlichen Entwicklung stattfanden. Hierbei wurden während Hochwasserereignissen Flusssedimente abgelagert oder umgelagert, auf denen während der Phasen mit niedrigerem Flusswasserstand bodenbildene Prozesse stattfinden konnten. Die Art des Bodensubstrats ist somit abhängig von dem zuvor im Flusseinzugsgebiet erodierten Material, dass sich von Flussabschnitt zu Flussabschnitt aber auch von Hochwasserereignis zu Hochwasserereignis unterscheiden kann.

Die Struktur der Flussauen ist durch die häufig Jahrtausende überdauernde Flussentwicklung geprägt und kann z. B. eiszeitliche Hoch- und Niederterrassen aufweisen. Auf der rezenten Niederterrasse entstand in der Regel durch die jüngeren Sedimentations- und Erosionsvorgänge ein aus Abflussrinnen, Uferwällen und Hochflächen aufgebautes Kleinrelief, dessen Einheiten aufgrund der lokalen Fließ- und Sedimentationsverhältnisse sowohl im Aufbau als auch im Substrat des Bodens große Unterschiede aufweist. Auf den tiefer liegenden Standorten, die zumeist aus ehemaligen Abflussrinnen der angeschlossenen Gewässer bestehen, lagerten sich oft feinkörnige Substrate ab. Grobkörnige Materialien finden sich hingegen meist auf den selten überfluteten hoch liegenden Bereichen. Charakteristisch für Auen sind die durch Hochwasserereignisse hervorgerufenen Umlagerungsprozesse, durch die das vorhandene Relief einem stetigen Wandel unterworfen ist. Diese Dynamik sowie die Variabilität der Sedimentfracht der Flüsse führen zu einer Vielzahl von unterschiedlichen Bodenstandorten, die z.T. einen komplexen, mehrfach geschichteten Aufbau aufweisen.

Mit der Variabilität des Bodensubstrates sowie der Relief- und Bewuchseigenschaften treten auch sehr unterschiedliche Bodentypen in den Flussauen auf (SCHEFFER & SCHACHTSCHABEL 1998). Die wesentlichen Unterscheidungsmerkmale bilden hierbei der Grad der Akkumulation von organischem Substrat sowie der Umfang der Grundwasserbeeinflussung. Auf grundwasserfernen Standorten bilden sich Auenböden, die weiter in Rambla, Paternia, Vega und Tschernitza unterschieden werden, wobei jeweils eine Zunahme in der Mächtigkeit der humosen oberen Bodenhorizonte beobachtet wird. Werden die Standorte entweder durch ihre Höhenlage oder durch Ausdeichungsmaßnahmen von regelmäßigen Überflutungen abgeschnitten, kann durch Verbraunungs- (Eisenoxidbildung) sowie Verlehmungsprozesse (Tonmineralbildung) eine Entwicklung zur Braunerde eintreten. Auf den grundwassernahen Standorten findet sich der Bodentyp der Gleye, beim dem im Übergangsbereich zwischen ungesättigter Bodenzone und Grundwasserbereich eine charakteristische Fleckung durch die Ausfällung von Eisen- und Manganmineralien auftritt. Zwischen den genannten Bodentypen können Übergangsformen auftreten (z. B. Gley-Vega).

In Auenböden treten wie in den meisten natürliche Böden Makroporen auf, die durch biogene Prozesse oder durch Schwell- und Schrumpfungsvorgänge als Grenzfläche zwischen Bodenaggregaten entstehen können. Je nach biologischer Aktivität, Wasserversorgung, Bodensubstrat und Landnutzung besitzen die Böden ein unterschiedlich stark ausgeprägtes Makroporensystem. Auf den Flächen mit geringen Grundwasserflurabständen und feinem Bodensubstrat ist die Makroporenporosität in der Regel größer als auf hoch liegenden und sandigen Standorten. Innerhalb eines Standortes nimmt der Einfluss der biogenen und bodenbildenen Prozesse mit dem Abstand zur Geländeoberkante ab. Hierdurch nehmen in der Regel auch die Makroporenporosität und der Gehalt an organischem Kohlenstoff mit der Tiefe ab.

Unter Verwendung von Farbtracern können die Fließwege im Boden visualisiert werden, die sich während eines Infiltrationsereignisses einstellen (FLURY 1996). In Abbildung 5-1 sind die Ergebnisse zweier Infiltrationsversuche mit dem Farbstoff BrilliantBlue-FCF dargestellt (BETHGE 2009). Die Tracerverteilung über das Bodenprofil wurde nach abgeschlossener Infiltration fotografiert und in eine schwarz-weiß Darstellung transformiert. Die Infiltrationsmuster, die nach etwa gleicher Infiltrationszeit aufgenommen wurden, unterscheiden sich deutlich und geben

Hinweise auf den Anteil an Makroporenfluss auf den jeweiligen Standorten. Am Standort a) wurde vorwiegend sandiges Bodensubstrat gefunden. Die Farbverteilung dieses Profils zeigt einen geringen Makroporeneinfluss. Auf dem Standort b) lag vorwiegend feinkörniges Substrat vor, das jedoch bis in große Tiefen mit aufgelockerten Bereichen durchzogen war. Die dargestellte Farbverteilung zeigt einen sehr heterogenen Infiltrationsverlauf in diesem Bodenprofil, infolge dessen der Farbstoff in etwa doppelt soweit in den Untergrund verlagert wurde wie am Standort a).

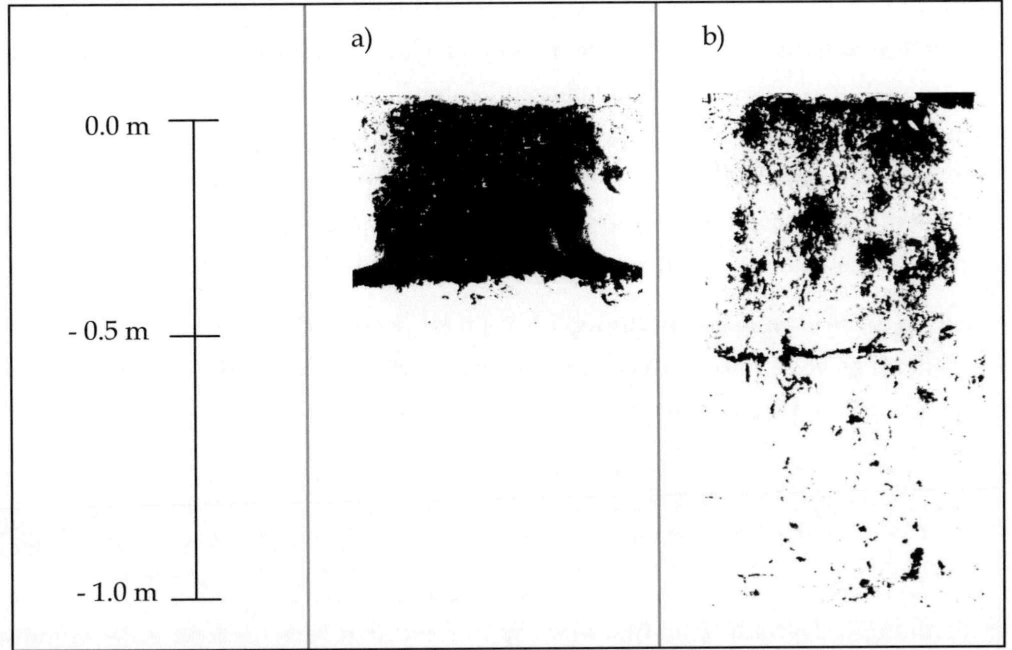

Abbildung 5-1: Farbverteilung in einem Bodenprofil nach einem Infiltrationsversuch mit BrilliantBlue-FCF, a) homogene Infiltration mit geringem Makroporeneinfluss, b) heterogene Infiltration mit deutlichem Makroporeneinfluss (BETHGE 2009).

5.1.2 Grundlagen der Strömung und des Transports in der Bodenzone

Strömung

Da im Boden durch den Einfluss der Gravitation die Wasserbewegung überwiegend vertikal ist, wird für die Betrachtung der Strömungs- und Transportprozesse die vertikal-eindimensionale Betrachtungsweise (in z-Richtung) verwendet. Aufgrund des Auftretens von Makroporen (sekundäre Porosität) in der Bodenzone (Kapitel 5.1.1) muss bei der Beschreibung der Strömung zwischen der Strömung in den primären Poren (Hohlräume zwischen den Bodenpartikeln) und der Strömung in den sekundären Poren (Makroporen) unterschieden werden.

Bezüglich der primären Poren gelten die Grundzüge der in Kapitel 2.1.2 beschriebenen Strömung in porösen Medien. Im wasserungesättigten Boden tritt neben der Wasser- und Festphase auch die Gasphase der Bodenluft auf. Der volumetrische **Wassergehalt** im Boden θ [-] beschreibt den Anteil des Bodenwasservolumens am Gesamtvolumen des Bodens. Das Druckpotential H_P [m] (Kapitel 2.1.1) ist unter wasserungesättigten Bedingungen wegen der Kapillarkräfte in den Bodenporen durch relativen Unterdruck gekennzeichnet und wird auch als **Matrixpotential** bezeichnet. Die Kapillarkräfte im Boden nehmen mit abnehmendem Porenradius zu. Durch die ungleichmäßige Verteilung der Porenradien im Boden entsteht ein nichtlinearer Zusammenhang $H_P(\theta)$ zwischen dem Matrixpotential und dem Wassergehalt θ, der als Bodenwasserretentionsbeziehung bezeichnet wird. In der Vergangenheit wurde eine Reihe von Beschreibungen dieser Retentionsfunktion entwickelt. Die größte Verbreitung hat bis heute das von VAN GENUCHTEN (1980) beschriebene Modell der Retentionsbeziehung.

Mit abnehmendem Wassergehalt θ im Boden nimmt auch die **hydraulische Leitfähigkeit** ab, da der für die Strömung zur Verfügung stehende Querschnitt reduziert wird und die Radien der noch wassergesättigten Bodenporen abnehmen. Unter Verwendung eines Ansatzes von MUALEM (1976) entwickelte VAN GENUCHTEN (1980) eine Beschreibung der hydraulischen Leitfähigkeit $k(\theta)$ von Böden unter wasserungesättigten Verhältnissen. Unter Berücksichtigung von variabel gesättigten Verhältnissen muss die hydraulische Leitfähigkeit k in Gleichung (2.7) folglich durch den wassergehalts- bzw. matrixpotentialabhängigen Ausdruck $k(H_p)$ ersetzt werden.

Die Berechung der **Abstandsgeschwindigkeit** u [m/s] (Kapitel 2.1.2) erfolgt in der ungesättigten Zone näherungsweise mit dem Wassergehalt θ, der dem wassergefüllten Anteil der Porosität, und damit in etwa der effektiven Porosität, entspricht.

$$u = \frac{q}{\theta} \tag{5.1}$$

Zur Beschreibung der Strömung in den **Makroporen** wurden verschiedene Ansätze entwickelt (GERMANN & BEVEN 1985, GERKE & VAN GENUCHTEN 1993). Der Aufbau des Makroporensystems ist in der Regel sehr komplex und kann eine Vielzahl von unterschiedlichen Porenradien umfassen (CHEN & WAGENET 1992). Neben der Kenntnis des Makroporenradius muss zur Charakterisierung des Makroporensystems auch die vertikale Erstreckung der Makroporen bekannt sein. Das Makroporensystem besitzt im Vergleich zur Bodenmatrix in der Regel nur eine geringe Porosität n_{mp} [-] von ca. 1%, kann jedoch sehr große hydraulische Leitfähigkeiten aufweisen (BEVEN & GERMANN 1982). Unter Verwendung eines Röhrenmodells für die Makroporen und unter Annahme von laminaren Strömungsbedingungen kann die Strömungsgeschwindigkeit u in der Makropore mit der Gleichung nach Hagen-Poiseuille beschrieben werden:

$$u = \frac{g \cdot r_{mp}^{2}}{8 \cdot v} \cdot I \tag{5.2}$$

Hierbei ist r_{mp} [m] der Makroporenradius, g [m/s²] die Erdbeschleunigung und v [m²/s] die kinematische Viskosität des Wassers. Durch Vergleich von Gleichung (5.2) mit Gleichung (2.8) kann bei gegebenem Radius r_{mp} für die hydraulische Leitfähigkeit k_{mp} einer Makropore der 1. Quotient auf der rechten Seite verwendet werden:

$$k_{mp} = \frac{g \cdot r_{mp}^2}{8 \cdot \nu}$$ (5.3)

Zur Beschreibung der **mittleren Leitfähigkeitseigenschaften** von vertikal durchströmten geschichteten Böden kann eine effektive Leitfähigkeit k_{eff} mit Hilfe der Mächtigkeiten M_i [m] und Leitfähigkeiten k_i der einzelnen Horizonte berechnet werden:

$$k_{eff} = \frac{\sum\limits_{i=1}^{i=N} M_i}{\sum\limits_{i=1}^{i=N} \frac{M_i}{k_i}}$$ (5.4)

Liegen in einem Bodenprofil Bereiche mit unterschiedlicher Leitfähigkeiten k_i nebeneinander vor, kann die mittlere Leitfähigkeit k_{eff} des vertikal durchströmten Bodens mit Hilfe der Querschnittsflächen A_i der einzelnen Bereiche berechnet werden:

$$k_{eff} = \sum\limits_{i=1}^{i=N} \left(\frac{A_i}{A} \cdot k_i \right)$$ (5.5)

Stofftransport

Der Stofftransport in der Bodenzone wird wesentlich von den Prozessen Advektion, Diffusion, Sorption und Abbau bestimmt, deren Grundzüge bereits in Kapitel 2.2 beschrieben wurden.

Eine Verlagerung durch Advektion hat scharfe Konzentrationsfronten zur Folge (Piston-Flow). Beim Transport durch Piston-Flow verdrängt das in einen Bereich des porösen Mediums zuströmende das darin befindliche Wasservolumen, ohne dass eine Durchmischung stattfindet. Im verlagerten Wasservolumen findet somit keine Konzentrationsänderung statt.

Die Diffusion setzt sich in der Bodenzone zusammen aus der molekularen Diffusion und der mechanischen Dispersion. Die turbulente Diffusion spielt im Gegensatz zum Transport in Fließgewässern keine Rolle, da ausschließlich von einer laminaren Strömung ausgegangen wird. Der Massenfluss über die molekulare Diffusion kann bei großen Bodenwasserströmungsgeschwindigkeiten u_s vernachlässigt werden. Nur bei sehr kleinen Porenwassergeschwindigkeiten, wie sie z. B. in Böden mit sehr geringer hydraulischer Leitfähigkeit auftreten, kann die Diffusion den dominierenden Transportprozess in der Bodenzone darstellen. Die Dispersion und die molekulare Diffusion werden zur hydrodynamischen Dispersion (D_h [m²/s]) zusammengefasst.

Für die Sorption von Schwermetallen in der Bodenzone sind im Allgemeinen der pH-Wert und die Tonmineral-, Humus- und Sesquioxidgehhalte im Boden die entscheidenden Größen (BLU-

ME & BRÜMMER 1991). Bei organischen Schadstoffen findet eine Sorption vorwiegend an den organischen Kohlenstoffverbindungen im Boden statt (APPELO & POSTMA 2005, DWA 2006).

Der Retardationskoeffizient R[-], mit dem die Verzögerung des Stofftransports aufgrund der Sorption beschrieben wird (Gleichung (2.14)), lässt sich in der Bodenzone unter Verwendung eines linearen Sorptionskoeffizienten K_d [m³/kg], aus der Lagerungsdichte ρ_b [kg/m³] und aus dem Wassergehalt θ [–] im Boden berechnen:

$$R = 1 + \frac{\rho_b}{\theta} K_d \qquad (5.6)$$

Mit der Transportgeschwindigkeit u_t [m] eines Schadstoffes kann zudem die Aufenthaltszeit T_a [s] berechnet werden, die ein Stoff benötigt, um durch einen Bodenbereich mit der Mächtigkeit M [m] transportiert zu werden:

$$T_a = \frac{M}{u_t} \qquad (5.7)$$

5.1.3 Strömungs- und Transportprozesse während eines Flutungsereignisses

Die Strömungs- und Transportprozesse in der Bodenzone werden durch die hydraulischen und stofflichen Randbedingungen während eines Flutungsereignisses sowie durch die Strömungs- und Transporteigenschaften der Deckschicht bestimmt (Abbildung 5-2).

Die Bodeneigenschaften im Retentionsraum (Höhenlage, Leitfähigkeit, TOC-Gehalt etc.) sowie die hydraulischen Bedingungen während eines Flutungsereignisses (Überstauhöhe, Grundwasserdruckhöhe etc.) weisen eine große räumliche Variabilität auf. Die hierdurch hervorgerufenen Unterschiede in den Strömungs- und Transportvorgängen in der Deckschicht führen zu räumlich stark variierenden Schadstoffausträgen in den Aquifer. Im Folgenden werden die Strömungs- und Transportprozesse in der Bodenzone während eines Flutungsereignisses beschrieben. Hierbei werden jeweils die wesentlichen Einflussfaktoren der Randbedingungen und der Bodenparameter erläutert.

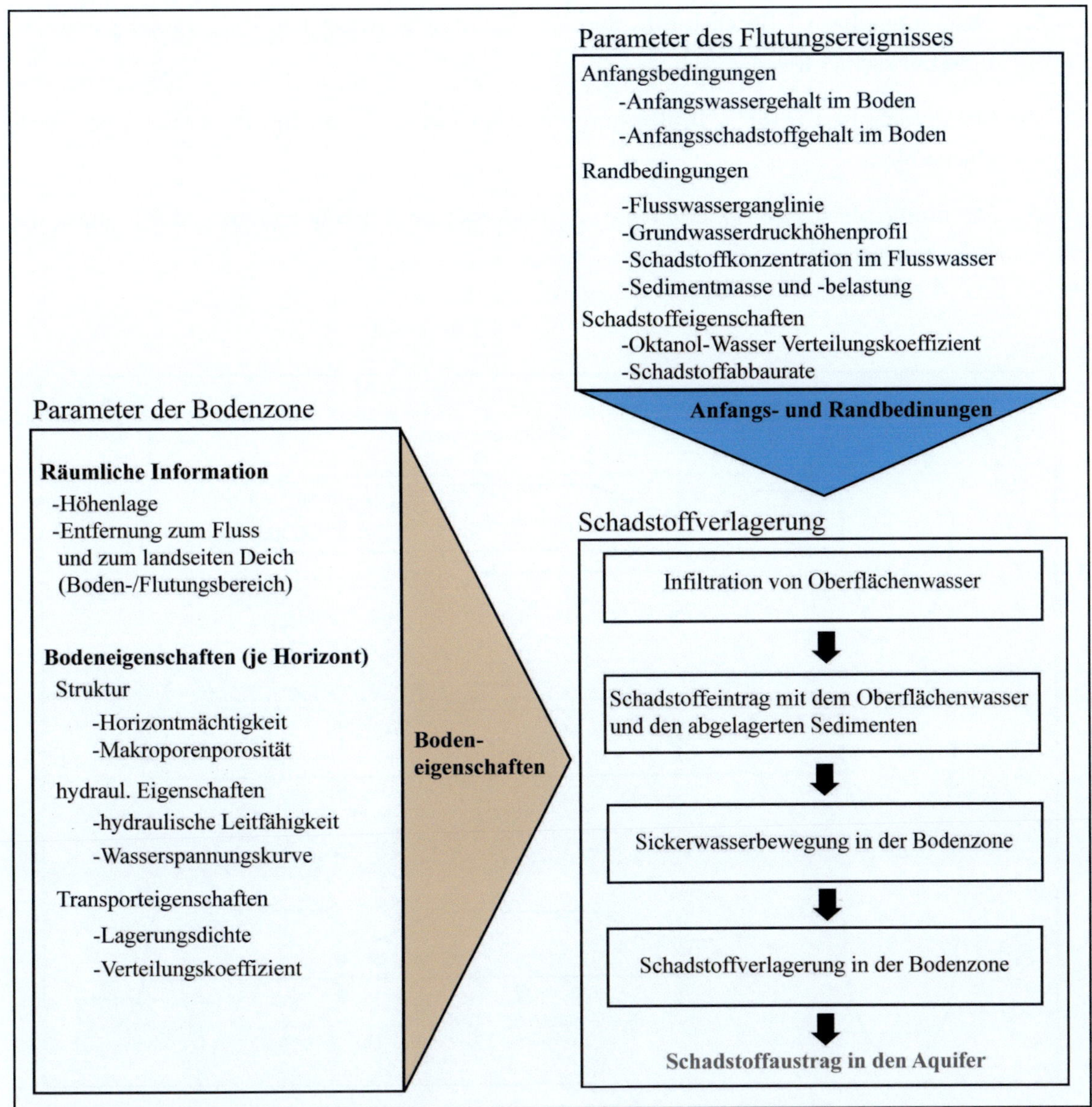

Abbildung 5-2: Parameter der Bodenzone und des Flutungsereignisses, die die Schadstoffverlagerung über die Bodenzone beeinflussen.

Strömungsprozesse

Die Strömung des Bodenwassers während eines Überflutungsereignisses wird neben den Bodeneigenschaften durch das hydraulische Potential des Überflutungswassers und des Grundwassers festgelegt. Der Einfluss der Transpirationsleistung der Pflanzen auf die Bodenwasserbewegung kann während eines Überflutungsereignisses vernachlässigt werden.

Die Dynamik des Flutungswasserspiegels sowie der Grundwasserdruckhöhe ist von Flutungsereignis zu Flutungsereignis unterschiedlich und stark von den lokalen Oberflächenwasser- und Grundwasserströmungsverhältnissen abhängig. Vereinfacht können jedoch bezüglich der hydraulischen Randbedingungen drei Phasen der Bodenwasserströmung während eines Flutungsereignisses unterschieden werden (Abbildung 5-3):

1) Strömungsphase 1 (FP1): Infiltration von Oberflächenwasser in die (wasser-) ungesättigte Deckschicht.

2) Strömungsphase 2 (FP2): Infiltration von Oberflächenwasser in die (wasser-) gesättigte Deckschicht.

3) Strömungsphase 3 (FP3): Drainage von Bodenwasser nach Beendigung der Flutung des Retentionsraums.

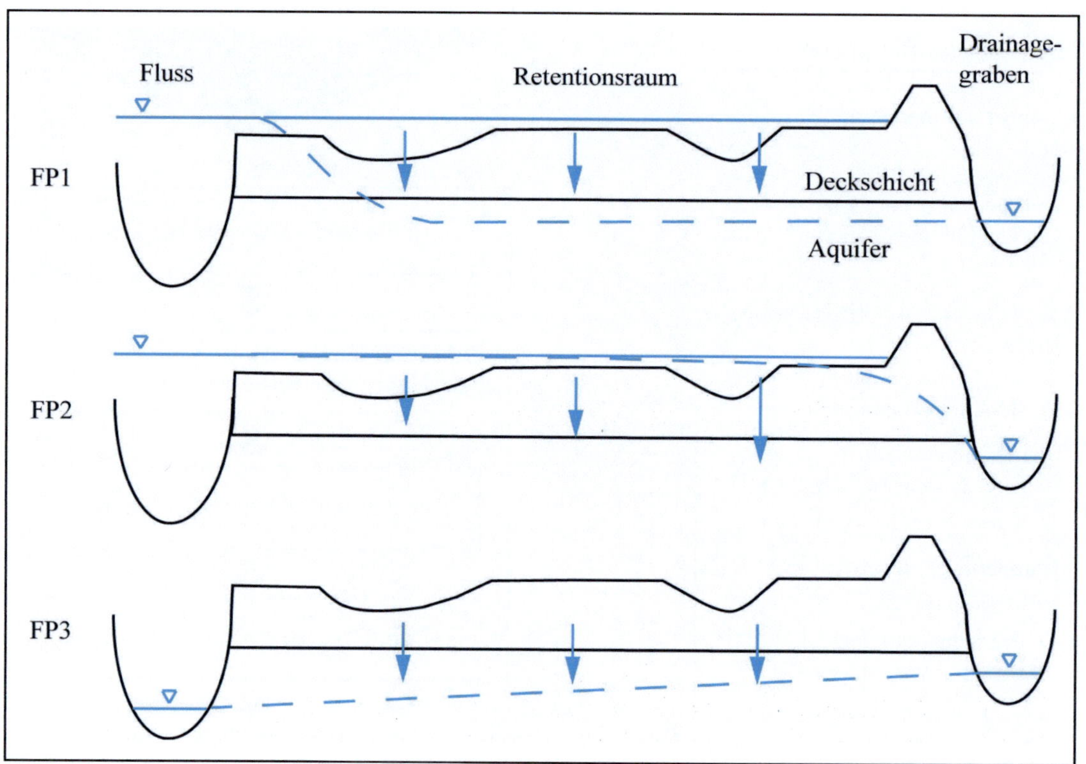

Abbildung 5-3: Lage der Oberflächenwasserspiegel (durchgezogene Linie) und der Grundwasserdruckhöhe (gestrichelte Linie) während der Strömungsphasen FP1-3.

Die zeitliche Einordnung der Strömungsphasen während eines Hochwasserereignisses sowie die Bodenwassersickerraten in den Strömungsphasen sind abhängig von der Dynamik des Flusswasserspiegels und der Grundwasserdruckhöhe im Retentionsraum. Für den Fall eines ungesteuerten, durchströmten Retentionsraums, bei dem der Wasserspiegel im Retentionsraum dem Flusswasserspiegel entspricht, ist in Abbildung 5-4a der zeitliche Verlauf der Lage des Wasserspiegels im Retentionsraum skizziert: Zu Beginn des Flutungsereignisses t_0 steigt der Wasserspiegel von seinem Ausgangsniveau $H_{f,0}$ auf einen maximalen Wasserstand $H_{f,max}$ an. Nach Erreichen des Scheitelpunktes fällt der Wasserstand bis zum Zeitpunkt $t_{f,ende}$ wieder auf sein Ausgangsniveau zurück. Der schematische Verlauf der Grundwasserdruckhöhe im Retentionsraum ist in Abbildung 5-4b dargestellt. Die Grundwasserdruckhöhe folgt der Wasserstandsganglinie gedämpft. Sie steigt von ihrem Ausgangsniveau $H_{gw,0}$ im Vorland auf eine maximale Druckhöhe $H_{gw,max}$ an und fällt dann mit dem sinkenden Flusswasserspiegel verzögert wieder auf ihr Ausgangsniveau zurück.

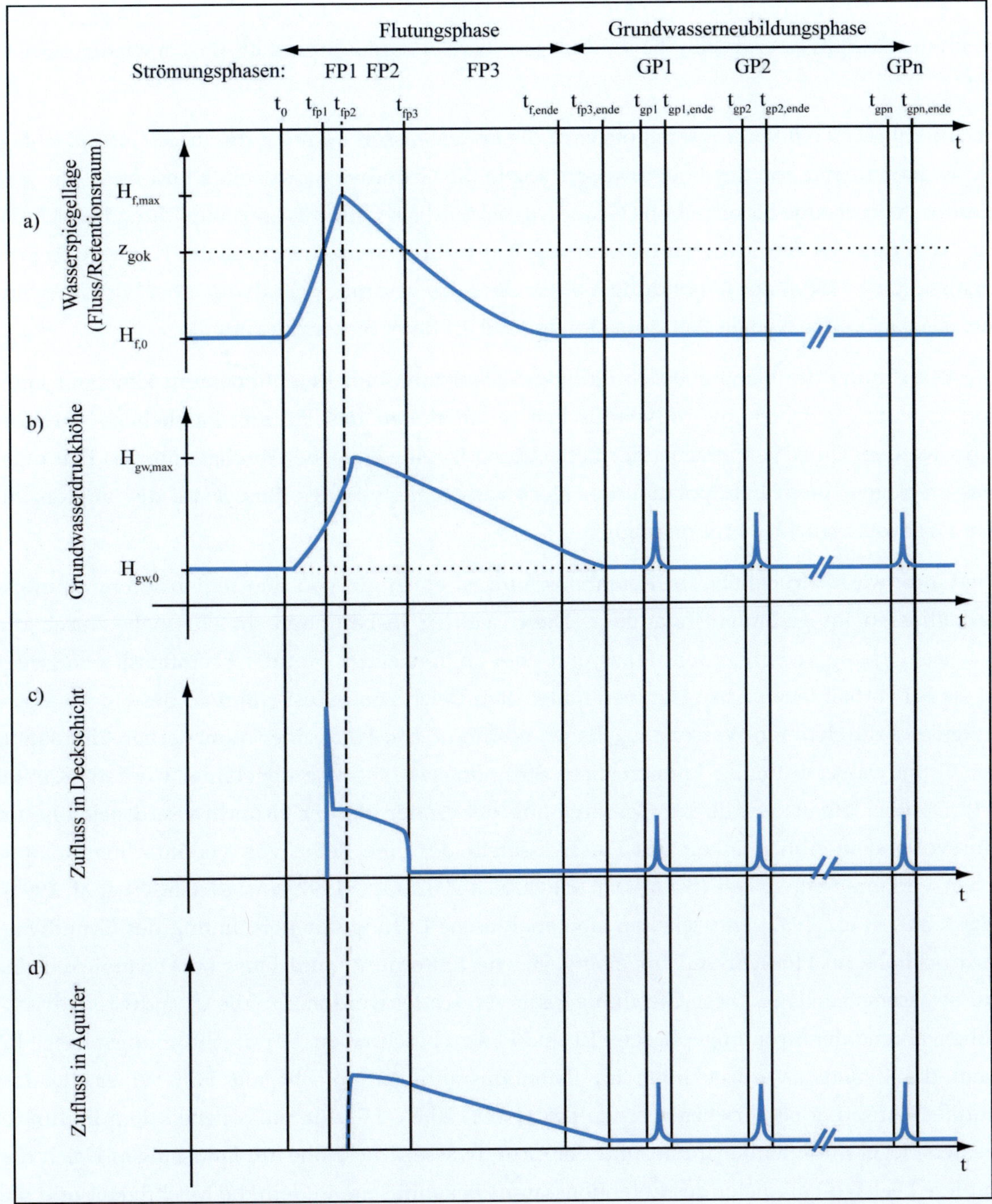

Abbildung 5-4: Übersicht über den Verlauf der Grundwasserdruckhöhe sowie der Zuflussraten in die Deckschicht und in den Aquifer während eines Hochwasserereignisses (FP) und anschließender Grundwasserneubildungsphase (GP).

Der Beginn der Strömungsphase FP1 (t_{fp1}) tritt ein, wenn während des Anstiegs des Hochwassers der Wasserspiegel die Geländeoberkante erreicht und somit die Überflutung einsetzt. Der

Beginn der Strömungsphase FP2 (t_{fp2}) wird erreicht, wenn der ursprünglich luftgefüllte Porenraum in der Deckschicht durch das infiltrierende Wasser aufgesättigt wurde. Nach der oberirdischen Entleerung des Retentionsraumes (t_{fp3}) beginnt die Strömungsphase FP3. Mit weiter fallendem Flusswasserspiegel sinkt auch die Grundwasserdruckhöhe. Dies führt zu einer Entwässerung des Porenraums in der Deckschicht. Das Ende der Strömungsphase FP3 ist erreicht, wenn die Grundwasserdruckhöhe ihr Ausgangsniveau zum Zeitpunkt t_0 ($H_{gw,0}$) wieder erreicht hat.

Im Anschluss an ein Flutungsereignis wird die Bodenwasserströmung durch den Niederschlag, die Evapotranspiration des Bodenwassers sowie die Grundwasserdynamik bestimmt. Die sich hierdurch ergebende Sickerrate ins Grundwasser wird als Grundwasserneubildung bezeichnet. Ein Nettofluss ins Grundwasser tritt zumeist nur während einzelner größerer Niederschlagsereignisse (GP1 - GPn) auf (Abbildung 5-4), so dass das gesamte Grundwasserneubildungsvolumen sich auf einige wenige Zeiträume im Jahr mit erhöhter Sickerrate aufteilt.

Die Berechnung der Ganglinie des Flutungswasserstands im Retentionsraum kann mit Hilfe von zweidimensionalen hydrodynamischen Simulationen des Flutungsgeschehens durchgeführt werden. Unter vereinfachender Betrachtung ist eine einfache Abschätzung des Flutungswasserspiegels durch Extrapolation der Hochwasserganglinie des Flusses auf den angrenzenden Hochwasserrückhalteraum möglich.

Die Grundwasserdruckhöhe im Retentionsraum ist abhängig von den regionalen Strömungsverhältnissen im gesamten Talaquifer. Diese werden insbesondere in Flussnähe durch die Wechselwirkung zwischen dem Fluss und dem angrenzenden Aquifer beeinflusst. Landseitig ist sie bei vorhandenen Abzugsgräben hinter dem Deich zumindest während des Hochwasserereignisses durch deren Wasserspiegellagen bestimmt. Mit Hilfe einer numerischen Simulation der Grundwasserströmung können diese Strömungsverhältnisse abgebildet werden (Kapitel 6.4). Darüber hinaus wurde zur Beschreibung der Änderung der Grundwasserdruckhöhe im Flussvorland in Abhängigkeit des Flusswasserstandes eine Reihe von vereinfachten analytischen Verfahren entwickelt (BOUFADEL & PERIDIER 2002, GUO 1997, VAN DE GIESEN et al. 1994). WORKMAN et al. (1997) entwickelten eine analytische Lösung zur Berechnung der Grundwasserdruckhöhe im Flussvorland für eine gegebene Entfernung zum Fluss in Abhängigkeit der Flusswasserspiegellage. Diese Gleichung kann verwendet werden, um die Grundwasserdruckhöhe während der Strömungsphasen FP1 und FP3 zu beschreiben. Für die Strömungsphase FP2 kann die Grundwasserdruckhöhe im Retentionsraum vereinfacht mit Hilfe eines „Leaky-Aquifer"-Ansatzes beschrieben werden (MOHRLOK 2009). Hierfür muss neben dem Flutungswasserspiegel im Retentionsraum und der Grundwasserdruckhöhe am landseitigen Deich der mittlere Leakage-Parameter des Retentionsraums bekannt sein, in dem die Mächtigkeit und die hydraulische Leitfähigkeit der Deckschicht und des Aquifers zusammengefasst sind. In den so berechneten Profilen findet sich die niedrigste Grundwasserdruckhöhe am landseitigen Deich (Abbildung 5-3, FP2). Innerhalb des Retentionsraums steigt die Grundwasserdruckhöhe mit zunehmender Entfernung annähernd logarithmisch an.

Aus dem dargestellten Konzept der Strömungsphasen ergeben sich Konsequenzen für die prognostizierten Volumenflüsse in die Deckschichten und in den Aquifer. Infiltration von Oberflächenwasser in die Deckschichten findet nur während der Phasen FP1 und FP2 statt. Exfiltration von Bodenwasser aus den Deckschichten in den Aquifer erfolgt nur in den Phasen FP2 und FP3 (Abbildung 5-4c,d). Durch die definierten Strömungsphasen kann eine schematische Beschreibung der zeitlichen Änderung der hydraulischen Randbedingungen innerhalb des Retentionsraums erfolgen. Die hydraulischen Randbedingungen während eines Flutungsereignisses sind jedoch nicht einheitlich innerhalb des Retentionsraums. Hierbei treten Unterschiede im Flusswasserspiegel und der Grundwasserdruckhöhe sowohl in Abhängigkeit von der Höhenlage als auch von der Position innerhalb des Retentionsraums auf:

1) Durch die unterschiedliche Höhenlage variieren die Überstauhöhen und damit das hydraulische Potential an der Bodenoberfläche während der Strömungsphase FP1.

2) Bei durchströmten Retentionsräumen nimmt die Höhe des Flusswasserspiegels in Strömungsrichtung ab.

3) Während der Strömungsphase FP2 ist der Einfluss von Grundwasserhaltungsmaßnahmen am landseitigen Deich (z. B. Drainagegräben) direkt am Deich größer als in deichfernen Bereichen.

4) Je nach Geländehöhe und Lage des ungestörten Grundwasserspiegels vor und nach dem Flutungsereignis unterscheidet sich die Entwässerung der Bodenzone während der Strömungsphase FP3.

Der Sickerwasserfluss in der Deckschicht, der durch die hydraulischen Randbedingungen der Flusswasserspiegellage und der Grundwasserdruckhöhe hervorgerufen wird, ist während der einzelnen Strömungsphasen überwiegend vertikal abwärts gerichtet. Während der Auffüllung und Entleerung des Hochwasserrückhalteraums können in Bereichen mit großen topographischen Unterschieden auch laterale Fließbewegungen stattfinden. Unter der Annahme, dass die hierfür zur Verfügung stehenden Zeiträume zu kurz sind, um nennenswerte Infiltrationsflüsse zu ermöglichen, können die lateralen Strömungsvorgänge in der Deckschicht vernachlässigt werden.

In Abbildung 5-5 sind die spezifischen Flussraten in der Deckschicht während eines Flutungsereignisses dargestellt. Die Infiltrationsraten in die Deckschicht q_{inf} ändern sich sowohl zwischen den Strömungsphasen als auch während dieser, da die hydraulischen Randbedingungen (Oberflächenwasserspiegel und Grundwasserdruckhöhe) nicht konstant sind (Abbildung 5-4). Bei Anwesenheit von Makroporen in der Deckschicht teilt sich die Infiltrationsrate auf in eine Infiltration in das Makroporensystem q_{mp} und in die Bodenmatrix q_m. Innerhalb der Deckschicht können Austauschvorgänge zwischen den Makroporen und der Bodenmatrix auftreten. Die Flussrate aus der Deckschicht in den Aquifer q_{aqu} ist abhängig von q_{inf} und der Volumenspeicherung in der Deckschicht. Die Strömungsgeschwindigkeiten in der Deckschicht berechnen sich aus den jeweiligen spezifischen Flussraten und Porositäten bzw. Wassergehalten (Gleichung (5.1)) und können sich daher bei geschichteten Böden auch bei stationären Strömungsbedingungen (keine Änderung der Volumenspeicherung) durch wechselnde Porositäten innerhalb der Deckschicht unterscheiden.

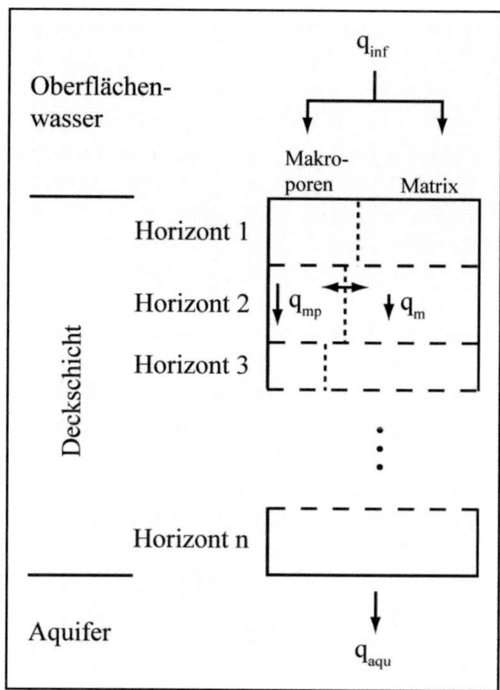

Abbildung 5-5: Spezifische Flussraten in der Deckschicht eines Retentionsraums während eines Flutungsereignisses.

Bei paralleler Anordnung von Bereichen mit unterschiedlicher Leitfähigkeit (z. B. Bodenmatrix und Makroporen) wird die effektive Gesamtleitfähigkeit dieses Bodenabschnitts vorwiegend durch den Bereich mit der höheren Leitfähigkeit (Makroporen) bestimmt, wobei die Aufteilung der Strömungsraten von den jeweiligen Strömungsquerschnitten und Leitfähigkeiten abhängt (Gleichung (5.5)). Aufgrund der häufig um mehrere Größenordnungen höheren hydraulischen Leitfähigkeit der Makroporen kann daher unter Wasserüberstaubedingungen die Infiltrationsrate in die Makroporen die Infiltration über die Matrix deutlich übersteigen. Während eines Flutungsereignisses können sich jedoch die Leitfähigkeiten der Makroporen durch Kolmationsprozesse verringern. Treten in der Horizontabfolge der Deckschicht Bereiche mit geringer Durchlässigkeit (z. B. tonige Bereiche ohne Makroporen) auf, wird die Gesamtleitfähigkeit der Deckschicht vorwiegend durch diese Bereiche bestimmt (Gleichung (5.4)). Zur Abschätzung der hydraulischen Wirksamkeit der Deckschicht muss daher neben der Verteilung der Makroporen auch die Substratverteilung über den gesamten Bereich der Deckschicht berücksichtigt werden.

Die Berechnung der Sickerwasserrate durch die Deckschicht q_{inf} in Abhängigkeit der hydraulischen Randbedingungen kann mit Hilfe von numerischen Simulationen der Strömungsverhältnisse erfolgen (z. B. HYDRUS1D, SIMUNEK et al. 2005). Vereinfacht können unter Annahme von stationären Randbedingungen während der Strömungsphasen auch analytische Lösungen verwendet werden. Um mittlere Strömungsbedingungen für die einzelnen Strömungsphasen berechnen zu können, müssen aus den Ganglinien der Flutungsbereiche mittlere Flutungswasserspiegellagen und Grundwasserdruckhöhen über den Zeitraum der Strömungsphasen bestimmt werden.

Zur Berechnung der Infiltration in die Deckschicht, bzw. der Bodenwasserströmungsgeschwindigkeit, können je nach Strömungsphase unterschiedliche analytische Lösungen verwendet werden. Zur Berechnung der Infiltration in die wasserungesättigte Bodenzone unter Wasserüberstau (Strömungsphase FP1) wurde eine Reihe von Verfahren entwickelt (HAVERKAMP et al. 1990, PHILIP 1957, HORTON 1940, GREEN & AMPT 1911). Unter Verwendung des Ansatzes nach GREEN & AMPT entwickelten FLERCHINGER et al. (1988) ein Verfahren, um die Infiltration in geschichtete Böden zu berechnen. Während der Strömungsphase FP2 kann q_{inf} mit Hilfe der Darcy-Gleichung (Gleichung (2.7) bzw. (2.8)) aus der hydraulischen Leitfähigkeit der Deckschicht und dem hydraulischen Gradienten zwischen Flusswasserspiegellage an der Geländeoberkante und der Grundwasserdruckhöhe an der Oberkante des Aquifers abgeschätzt werden. Während der Strömungsphase FP3 kann die Strömung in der Deckschicht insbesondere bei langsam fallendem Flusswasserspiegel über die Sinkgeschwindigkeit des Grundwasserspiegels abgeschätzt werden.

Transportprozesse

Durch die Infiltration von Oberflächenwasser gelangen die im Flutungswasser gelösten Schadstoffe in die Bodenzone. Die Schadstoffkonzentration im Oberflächenwasser stellt somit die obere stoffliche Randbedingung für den Schadstofftransport durch die Bodenzone dar. Während eines Flutungsereignisses kann sich die Schadstoffkonzentration im Flutungswassers ändern.

Die Verteilung der abgelagerten Sedimente innerhalb des Retentionsraums wird durch die Sedimentationsprozesse während der Flutung bestimmt. Auch die Konzentration und Schadstoffbelastung der Schwebstoffe im zuströmenden Wasser kann sich während eines Flutungsereignisses ändern. Zur Beschreibung des Schadstoffeintrags über belastete Sedimente muss die räumliche und zeitliche Variabilität der Sedimentationsprozesse abgeschätzt werden (Kapitel 4.2).

Abbildung 5-6 gibt einen Überblick über die Schadstofftransportprozesse in der Bodenzone während eines Überflutungsereignisses. Über den Schadstoffmassenfluss $j_{inf,l}$ infiltrieren gelöste Schadstoffe mit dem Oberflächenwasser in die Bodenzone. Hierbei werden an der Bodenoberfläche abgelagerte und mit Schadstoffen belastete Sedimente durchströmt. Während der Durchströmung der belasteten Sedimente können Schadstoffe, die sorbiert an den Sedimenten vorliegen, in die wässrige Phase übertreten und mit dem Infiltrationswasser in den Boden verlagert werden ($j_{inf,sed}$). Die Menge an Sediment kann im Laufe einer Flutungsperiode wechseln, da sowohl Sedimentations- als auch Erosionsprozesse stattfinden. Die am Ende eines Flutungsereignisses im Retentionsraum verbleibende Sedimentmenge stellt das Depot für die Schadstofffreisetzung in den folgenden Infiltrationsereignissen (z. B. durch Grundwasserneubildung) dar.

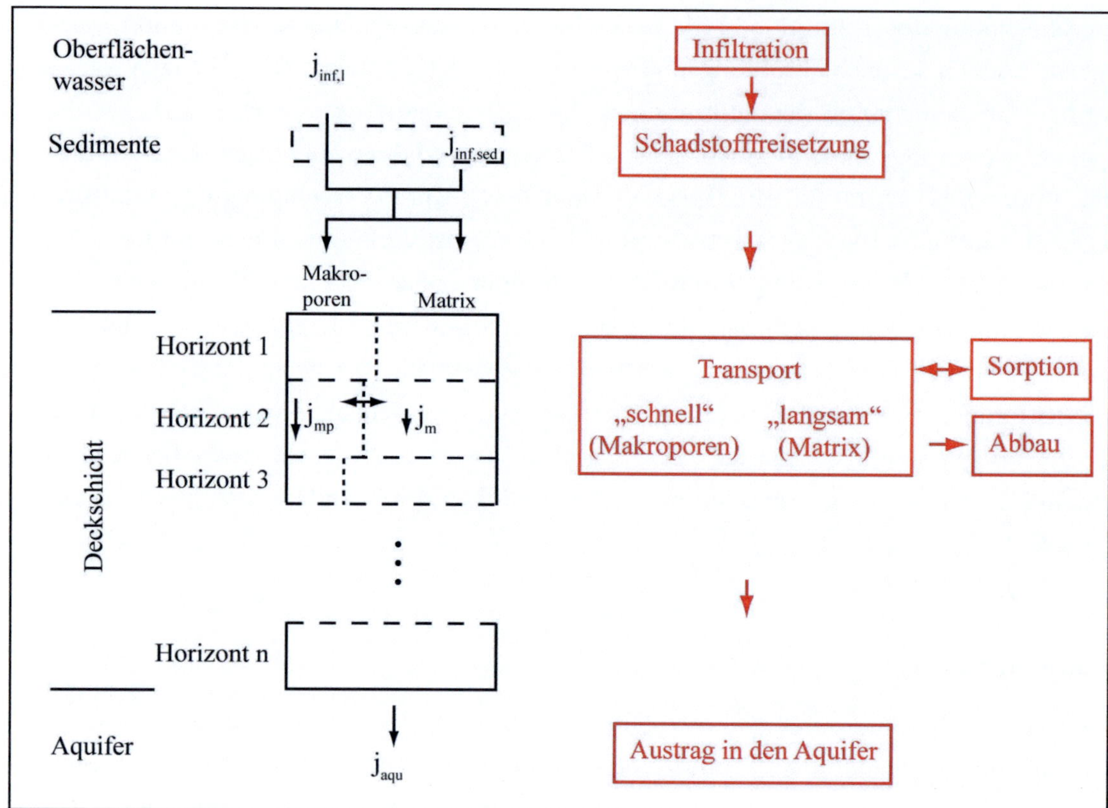

Abbildung 5-6: Übersicht über die Transportprozesse in der Deckschicht während eines Überflutungsereignisses.

Im Boden findet die Verlagerung der Schadstoffe in tiefere Bodenhorizonte entlang der Bodenmatrix (j_m) sowie über Makroporen (j_{mp}) statt. Der Transport in den Makroporen führt zu einer schnelleren Tiefenverlagerung der Schadstoffe. Beim Auftreten von schnellen Transportprozessen aufgrund von Makroporenströmung werden advektive Transportprozesse gegenüber der Verlagerung über Dispersion überwiegen, so dass der Transport als Propfenströmung (Piston-Flow) im Untergrund auftritt. Für organische Schadstoffe wird in Abhängigkeit ihrer Stoffeigenschaften eine Sorption an das organische Material im Boden stattfinden, wodurch deren Verlagerung verzögert wird. Insbesondere bei kurzen Aufenthaltszeiten der Schadstoffe in der Bodenzone können auch kinetische Verzögerungen der Schadstoffsorption eine Rolle spielen.

Durch Unterschiede in der Sickerwassergeschwindigkeit und des Gehaltes an organischem Kohlenstoff (TOC) zwischen den Bodenhorizonten ergeben sich auch Unterschiede in der Transportgeschwindigkeit und den Schadstoffaufenthaltszeiten. Insbesondere durch die Infiltration über die Makroporen kann aufgrund der großen Strömungsgeschwindigkeiten die Schadstoffaufenthaltszeit in der Deckschicht gegenüber einem Schadstoff, der über die Bodenmatrix transportiert wird, deutlich verkürzt werden.

Die Aufenthaltszeit eines Schadstoffs in der Bodenzone wird neben den Strömungsverhältnissen und Sorptionseigenschaften in der Deckschicht auch durch die Eigenschaften des Schadstoffs bestimmt. Mit zunehmendem K_{ow}-Wert findet eine stärkere Sorption des Stoffes an die Bodenmatrix statt, wodurch die Retardation im Boden erhöht wird.

Die sich hieraus ergebende Aufenthaltszeit eines Stoffes bestimmt zusammen mit dessen Abbaurate den Schadstoffabbau während der Bodenpassage. Während eines Flutungsereignisses können Veränderungen des Redox-Milieus innerhalb der Bodenzone auftreten, wodurch sich auch die lokalen Abbau- oder Sorptionsbedingungen für einige Schadstoffe ändern können. Für viele organische Stoffe existiert zudem eine umfangreiche Abbaukaskade über zahlreiche Zwischenstufen, die jeweils eigene Transport- und Reaktionseigenschaften aufweisen.

Die Berechnung des Schadstofftransports für geschichtete Böden kann mit Hilfe von numerischen Modellen erfolgen. Für mittlere Strömungs- und Transporteigenschaften kann eine Abschätzung der Schadstoffverlagerung mit Hilfe der in Kapiteln 2.1, 2.2 und 5.1.2 dargestellten Ansätze durchgeführt werden. Der Schadstoffmassenfluss $j_{inf,l}$ der Infiltration von Oberflächenwasser in die Deckschicht kann aus der spezifischen Infiltrationsrate q_{inf} in den einzelnen Strömungsphasen und der Schadstoffkonzentration C_{Fl} im Flusswasser berechnet werden:

$$j_{inf,l} = q_{inf} \cdot C_{Fl} \tag{5.8}$$

Der Schadstoffmassenfluss aus den sedimentierten Schwebstoffen in das Sickerwasser berechnet sich aus dem Lösungsgleichgewicht zwischen sorbierter Schadstoffmasse und der Konzentration im Sickerwasser (Gleichung (2.12)). Die Schadstoffverlagerungsgeschwindigkeit innerhalb der Deckschicht kann aus der mittleren Strömungsgeschwindigkeit und dem Retardationsfaktor mit Hilfe von Gleichung (2.14) abgeschätzt werden. Aus der Mächtigkeit der Deckschicht und der Transportgeschwindigkeit ergibt sich die Schadstoffaufenthaltszeit (Gleichung (5.7)), mit deren Hilfe unter Verwendung mittlerer Abbauraten der Schadstoffabbau während der Strömungsphasen berechnet werden kann (Gleichung (2.15)). Der Schadstoffaustrag in den Aquifer j_{aqu} während einer Strömungsphase berechnet sich aus der Verlagerungsgeschwindigkeit in der Deckschicht und dem Schadstoffabbau.

Das hier vorgestellte Konzept zur Beschreibung des Masseneintrags ins Grundwasser ist im Programm FWInf implementiert (BETHGE 2009). Es wurde an Hand von ausgewählten Beispielen mit Hilfe des Programms HYDRUS1D (SIMUNEK ET AL. 2005) validiert (BETHGE 2009)

5.2 Relevante Parameter für die Schadstoffverlagerung

5.2.1 Beschreibung der relevanten Parameter

Die für die Schadstoffverlagerung relevanten Parameter können mit Hilfe von Sensitivitätsanalysen bestimmt werden (vgl. BETHGE 2009). Die Bedeutung der einzelnen Strömungsphasen und damit auch die Bedeutung der jeweiligen Strömungs- und Transportparameter werden wesentlich durch die Lage der Bodenstandorte im Retentionsraum beeinflusst. In Abbildung 5-7 sind beispielhaft berechnete Masseneinträge in die Deckschicht während der Flutungsphasen FP1 und FP2 in Abhängigkeit der **Entfernung zum Deich** x_{deich} sowie der **Höhenlage** eines Boden-profils z_{gok} für ein Flutungsereignis dargestellt.

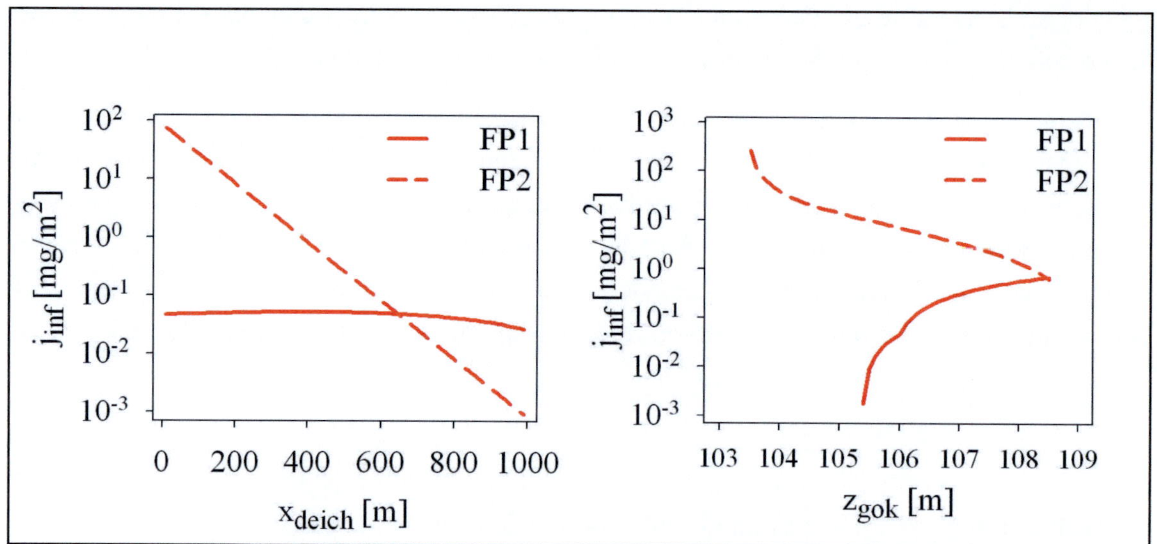

Abbildung 5-7: Einfluss der Entfernung zum landseitigen Deich (x_{deich}) sowie der Lage der Gelände-oberkante z_{gok} auf die Schadstoffmassenflüsse in die Deckschicht (BETHGE 2009).

Die Massenzuflüsse während der Strömungsphase FP1 bleiben weitestgehend konstant über die Entfernung vom Deich. In Flussnähe (Lage des Flusses bei x_{deich}=1000 m) ist eine leichte Abnahme festzustellen, die sich durch die stärkere Anhebung der Grundwasserdruckhöhe zu Beginn des Flutungsereignisses in flussnahen Bereichen und den damit verbundenen geringe-ren Eintrag während der Strömungsphase FP1 ergibt. Aufgrund des Grundwasserdruckhöhen-profils während der Strömungsphase FP2 (Abbildung 5-3) nehmen die Massenzuflüsse in der Strömungsphase FP2 mit zunehmender Entfernung vom Deich über mehrere Größenordnun-gen ab. Im verwendeten Beispiel liegen sie bis zu einer Entfernung von ca. 600 m vom Deich oberhalb der Zuflüsse während der Strömungsphase FP1.

Eine zunehmende Mächtigkeit der Deckschicht (bzw. Höhenlage der Geländeoberkante) beein-flusst vor allem die Schadstoffaufenthaltszeit. Darüber hinaus nimmt der Schadstoffeintrag während der Strömungsphase FP1 mit größerer Mächtigkeit des ungesättigten Bereichs der Deckschicht zu, da der zu füllende Porenraum größer wird. Die hydraulischen Gradienten zwi-schen Oberflächenwasser und Grundwasser während der Strömungsphase FP2 sinken mit zu-nehmender Mächtigkeit der Deckschicht ab. Mit größerer vertikaler Erstreckung der Deck-schicht bzw. zunehmender Höhenlage des Bodenstandorts nimmt der Massenzustrom während der Strömungsphase FP1 folglich zu und während der Strömungsphase FP2 ab.

Während der Strömungsphase FP3 findet kein Eintrag in die Deckschicht statt. Die in den vor-hergehenden Strömungsphasen eingetragenen Schadstoffe können jedoch während dieser Strömungsphase innerhalb der Deckschicht und aus dieser in den Aquifer verlagert werden.

Zusammenfassend erfolgt ein Schadstoffeintrag in die Deckschichten vorwiegend bei lang andauernden Flutungsereignissen mit hohen Druckhöhenunterschieden zwischen dem Flutungswasserspiegel und insbesondere der Grundwasserdruckhöhe am landseitigen Deich während der Strömungsphase FP2. Die in dieser Phase in unmittelbarer Nähe zum Deich in der Regel auftretenden hohen Porenwassergeschwindigkeiten haben zur Folge, dass die Aufenthaltszeiten in der Deckschicht für viele Schadstoffe zu kurz sind, um einen relevanten Schadstoffabbau während der Bodenpassage zu ermöglichen.

Tief liegende und deichnahe Bereiche können infolgedessen als besonders gefährdet hinsichtlich eines Eintrags auch abbaubarer Schadstoffe in den Aquifer identifiziert werden. Im Rahmen der Abschätzung der Grundwassergefährdung durch Schadstoffeintrag über die Deckschicht für einen Retentionsraum (Kapitel 5.3) sollten diese Bereiche bei einer Beprobung daher besondere Berücksichtigung finden.

Neben der Lage eines Bodenstandorts haben auch folgende Parameter einen maßgeblichen Einfluss auf den Umfang der Schadstoffverlagerung in der Bodenzone während eines Flutungsereignisses:

- o Die hydraulische Leitfähigkeit wird neben der Bodenmatrix insbesondere durch das Auftreten von Makroporen bestimmt. Je nach Ausprägung und hydraulischer Wirksamkeit kann die Schadstoffverlagerung entlang von Makroporen die Schadstoffverlagerung während eines Flutungsereignisses dominieren. Die hierbei erreichte Tiefenverlagerung ist abhängig von der vertikalen Erstreckung des Makroporensystems.

- o Die Schadstoffmassenflüsse aus dem Oberflächenwasser in die Deckschicht nehmen mit zunehmender Dauer und Höhe des Einstaus im Retentionsraum zu. Darüber hinaus begünstigt eine hohe Differenz des hydraulischen Potentials zwischen der landseitigen Grundwasserdruckhöhe und dem Flutungswasserspiegel die Infiltration in die Deckschicht (s. o.).

- o Mit steigender Hydrophobizität (steigendem Verteilungskoeffizient K_{ow}) der im Oberflächenwasser gelösten Schadstoffe sowie zunehmendem TOC-Gehalt im Bodenprofil nimmt die Verlagerung innerhalb der Deckschicht ab. Bei hohen K_{ow} Werten kann gleichzeitig der Eintrag der Schadstoffe über die abgelagerten Sedimente im Retentionsraum an Bedeutung gewinnen.

- o Mit steigender Abbaubarkeit eines Stoffes verringert sich der Schadstofffluss in der Deckschicht. Ein Schadstoffabbau in der fließenden Welle ist bei diesen Betrachtungen über die Vorgabe der Konzentrationen beim Eintrag in die Deckschicht bereits berücksichtigt. Je nach Flutungsszenario und Schadstoffeigenschaften können insbesondere auf den deichnahen Standorten die Schadstoffaufenthaltszeiten so kurz sein, dass ein signifikanter Abbau während der Bodenpassage nicht stattfinden kann.

Eine Übersicht über die Einflüsse der genannten Parameter gibt nachfolgend die Tabelle 5-1.

Tabelle 5-1: Parameter der Bodeneigenschaften und des Flutungsereignisses und ihr Einfluss auf den Schadstoffeintrag und die Schadstoffverlagerung über die Deckschicht (k.E.=kein Einfluss).

Parametergruppe / Parameter		Schadstoff-eintrag	Schadstoff-verlagerung
Bodeneigenschaften			
	Entfernung landseitiger Deich	–	–
	Höhenlage/Deckschichtmächtigkeit	–	–
	Deckschichtleitfähigkeit	+	+
	TOC-Gehalt	k.E.	–
Flutungsereignis			
	Überstauhöhe und –dauer	+	+
	Grundwasserdruckhöhe am landseitigen Deich	–	–
	Schadstoffkonzentration im Flutungswasser	+	k.E.
	Verteilungskoeffizient des Schadstoffs K_{ow}	k.E.	–
	Abbaurate des Schadstoffs	k.E.	–

5.2.2 Messtechnische Bestimmung der relevanten Parameter

Um die Variabilität der Schadstofftransportprozesse über die Deckschicht während eines Flutungsereignisses abschätzen zu können, muss die räumliche Verteilung der Bodeneigenschaften im Untersuchungsgebiet ermittelt werden. Aufgrund ihres großen Einflusses auf die Schadstoffverlagerung sollten bei den Untersuchungen der Deckschichteigenschaften im Retentionsraum insbesondere die in Tabelle 5-1 aufgeführten Parameter bestimmt werden.

Der Aufbau der Bodenzone ist das Ergebnis der Umlagerungsprozesse während der flussgeschichtlichen Entwicklung und der Überprägung durch bodenbildene Prozesse (Kapitel 5.1.1). Durch Analyse der räumlichen Verteilung der Umlagerungs- und Bodenbildungsprozesse kann die großräumige Variabilität der Bodeneigenschaften im Untersuchungsgebiet erfasst werden. Die Sedimentationsräume im Untersuchungsgebiet können durch Analyse der aktuell auftretenden Reliefelemente (Abflussrinnen, Hochlagen) identifiziert werden. Hinweise auf die Entstehungsgeschichte der einzelnen Reliefelemente und damit auf den möglichen Bodenaufbau können durch Analyse historischer Daten zum Flussverlauf gewonnen werden. Die Landnutzung beeinflusst zusätzlich die großräumige Variabilität der bodenbildenen Prozesse in einem Retentionsraum. Mit Hilfe der Höhenverteilung und der räumlichen Verteilung der Landnutzungsarten können einheitliche Bodenbereiche innerhalb des Hochwasserretentionsraums ausgewiesen werden. Hierfür können auch bestehende Daten zum Bodenaufbau (Bodenprofile) ausgewertet werden, wobei insbesondere die Substratverteilung berücksichtigt werden sollte.

Diese Bodenbereiche sind die Grundlage für die weitere Charakterisierung des Deckschichtaufbaus. Innerhalb der Bodenbereiche wird der Bodenaufbau durch die kleinräumige Variabilität der Bodeneigenschaften geprägt. Zur Beschreibung dieser Bereiche muss eine ausreichende Anzahl von punktuellen Bodendaten (Bohrprofile) je Bodeneinheit vorhanden sein, aus denen Informationen zur Substratverteilung über einen möglichst großen Bereich der Deckschicht gewonnen werden können. Insbesondere für die durch ihre räumliche Lage hinsichtlich einer Schadstoffverlagerung in den Aquifer besonders gefährdeten Bereiche (tiefliegende Bereiche wie Rinnen und Baggerseen, Bereiche am landseitigen Deich) sollten ausreichend Informationen vorhanden sein. Hierbei kann soweit möglich auf bestehende Daten zum Bodenaufbau (forstwirtschaftlich und geologische Kartierungen, Bodenschätzung der Finanzbehörde) zurückgegriffen werden. Bei Bedarf müssen weitere Bodeninformationen durch Erkundung vor Ort erhoben werden.

Neben der Substratverteilung stellt auch das Auftreten von Makroporen eine wesentliche Komponente zur Beschreibung des Deckschichtaufbaus dar. Mit Hilfe von Farbtracerversuchen können die bevorzugten Strömungspfade und damit auch die Makroporen in der Deckschicht visualiert werden (Kapitel 5.1.1). Aufgrund der guten Kontrasteigenschaften und der geringen Sorptivität im Boden wird in bodenkundlichen Untersuchungen hierfür häufig der Farbstoff BrilliantBlue-FCF (CAS: 2650-18-2) verwendet. Die Applikation des Tracers wird in der Regel im Rahmen von Beregnungsexperimenten durchgeführt. Zur Untersuchung der hydraulischen Wirksamkeit von Makroporen unter Überstaubedingungen, wie sie bei einem Flutungsereignis auftreten, kann die Infiltration mit Hilfe von Doppelringinfiltrometern durchgeführt werden (DIN 19682, 2007).

Eine direkte Bestimmung der hydraulischen Leitfähigkeit kann mit Hilfe von Felduntersuchungen oder an Bodenproben im Labor erfolgen. Eine Übersicht über die Verfahren zur Leitfähigkeitsuntersuchung können KLUTE (1986) entnommen werden. Hierbei kann nach Verfahren unterschieden werden, die die Wasserleitfähigkeit unter wassergesättigten und –ungesättigten Bedingungen bestimmen. Mit der Zunahme der Wassersättigung während der Bodenuntersuchung nimmt in der Regel auch der Einfluss der Makroporenleitfähigkeit auf die ermittelte hydraulische Leitfähigkeit zu. Felduntersuchungen z. B. unter Verwendung eines Doppelringinfiltrometers liefern eine effektive Leitfähigkeit über den gesamten während des Experiments durchströmten Bereich der Deckschicht, wobei unter Umständen mehrere Bodenhorizonte umfasst werden. Mit Hilfe von Untersuchungen an ungestörten Bodenproben aus dem Gelände kann hingegen eine vertikale Differenzierung der hydraulischen Leitfähigkeit vorgenommen werden.

Neben den direkten Verfahren zur Bestimmung der Leitfähigkeit kann die Leitfähigkeit auch mit Hilfe von Literaturdaten aus sekundären Parametern, wie z. B. der Bodentextur des Bodenprofils, abgeleitet werden. Hierfür werden mit Hilfe von Parameterdatenbanken erstellte Regressionsgleichungen (Pedotransferfunktionen) oder Parametermittelwerte verwendet. Eine Übersicht über diese Verfahren findet sich in SCHÄFER (1999).

Neben den Struktur- und Strömungsparametern innerhalb der Bodenbereiche müssen auch die Transportparameter der Deckschicht bestimmt werden. Neben der Abschätzungen der Lagerungsdichte hat insbesondere der TOC-Gehalt im Boden einen großen Einfluss auf die Schadstoffverlagerung. Eine Abschätzung des TOC-Gehalts kann im Feld über den Humusgehalt erfolgen (AG Boden 2005). Für detailliertere Untersuchungen müssen Bodenproben entnommen und analysiert werden (DIN 38409, 1997). Bei der Probennahme und -analyse sollte auch berücksichtigt werden, dass sich der TOC-Gehalt mit dem Bodensubstrat und der Beeinflussung durch biogene Prozesse über die Tiefe ändern kann.

5.3 Berechnung des Risikos einer Schadstoffverlagerung in den Aquifer

Bei der Risikobetrachtung im Zuge der Stofftransportmodellierung steht die Gefährdung eines Schutzgutes durch die Verlagerung von Stoffen im Mittelpunkt. Das Schutzgut kann hierbei ein Organismus oder ein zu schützendes Umweltkompartiment sein. In den Ingenieur- und Umweltwissenschaften wird der Begriff des Risikos Ri eines Schadensereignisses als Produkt aus der Gefährdung P und dem hieraus resultierenden Schaden S definiert (PLATE 1993). Hierbei sind sowohl die Gefährdung als auch der Schaden Funktionen des Schadensereignisses (z. B. Schadstoffkonzentration im Schutzgut).

$$Ri = P(C) \cdot S(C) \tag{5.9}$$

Bei der Bestimmung des Risikos eines Schadstoffeintrags in das Grundwasser während eines Flutungsereignisses entspricht die Gefährdung der Wahrscheinlichkeitsverteilung der Schadstoffbelastung im Grundwasser. Diese kann mit Hilfe einer stochastischen Transportmodellierung unter Verwendung der Unsicherheit, z. B. für die Werte der Bodenparameter, bestimmt werden. Eine monetäre Quantifizierung des Schadens einer Schadstofffreisetzung oder -verlagerung in das Grundwasser ist nur eingeschränkt möglich. Durch den Gesetzgeber wurden jedoch insbesondere für die gesundheitliche Schädigung von Menschen durch Schadstoffe Grenzwertkonzentrationen C_{grenz} für einzelne Schadstoffe definiert (BBodschV 1999, TrinkwV 2001), die hier zur Schadensabschätzung herangezogen werden können.

Zur Berücksichtigung der Variabilität der Bodeneigenschaften und hydraulischen Bedingungen wird der Retentionsraum in Simulationseinheiten gegliedert, auf denen unabhängig voneinander die Risikoberechnung durchgeführt wird. Grundlage für die hier vorgestellte Risikoberechnung ist die Unsicherheit der Bodenparameter, die mit Hilfe der verfügbaren Daten bestimmt wird. Die hydraulischen und stofflichen Eigenschaften des Flutungsereignisses werden hingegen in Flutungsszenarien zusammengefasst und als deterministische Randbedingungen für die Risikoberechnung verwendet (Abb. 3.2). Für eine Risikoanalyse kann die Risikoberechnung auch für verschiedene Flutungsszenarien mit jeweils unterschiedlichen Flutungsereignissen durchgeführt werden. Das Flutungsszenario kann sich hierbei auch über mehrere Flutungsereignisse erstrecken, um die langfristigen Auswirkungen der Flutungen im Retentionsraum zu untersuchen. In diesem Fall müssen auch die Grundwasserneubildungsphasen zwischen den einzelnen Flutungsereignissen berücksichtigt werden.

Liegen ausreichend Informationen über die statistischen Eigenschaften der Überflutungsereignisse im Untersuchungsgebiet vor (z. B. Wahrscheinlichkeitsverteilungen der Überflutungshöhen und –dauern oder der Schadstoffkonzentration im Flutungswasser), können auch die Überflutungsparameter als stochastische Größen für die Risikoberechnung herangezogen werden. Die Beschreibung der statistischen Eigenschaften der Flutungsereignisse erfolgt hierbei in der Regel durch Auswertung der verfügbaren hydrologischen Daten des Fließgewässers.

Mit Hilfe von stochastischen Transportsimulationen wird die Wahrscheinlichkeit der Schadstoffverlagerung aus der Bodenzone in den Aquifer berechnet. Durch Vergleich der Schadstoffkonzentration am Übergang zwischen Deckschicht und Aquifer mit einem zuvor definierten Grenzwert für die Schadstoffkonzentrationen erfolgt während der Risikobewertung die Einordnung der Gefährdung in Risikokategorien.

Zusammenfassend sind zur Berechnung des Risikos einer Schadstoffverlagerung in den Aquifer folgende Arbeitsschritte durchzuführen:

1) Gliederung des Retentionsraums für die Risikoberechnung (Kapitel 3.3.1). Beschreibung der großräumigen Bodenvariabilität im Hochwasserretentionsraum durch Bodenbereiche. Definition eines Flutungsszenarios und Ausweisung der Flutungsbereiche. Erstellung von Simulationseinheiten durch räumliche Verschneidung der Boden- und Flutungsbereiche.

2) Beschreibung der Unsicherheit der Bodenparameter (Kapitel 3.3.2). Ermittlung von Daten zum Bodenaufbau sowie der Strömungs- und Transporteigenschaften in den Bodenbereichen. Erstellung von Wahrscheinlichkeitsfunktionen für die stochastischen Bodenparameter und die Lageparameter der Simulationseinheiten

3) Durchführung der Risikoberechnung (Kapitel 3.3.3). Ermittlung der Wahrscheinlichkeit für die Verlagerung eines Schadstoffs über die Deckschicht in den Aquifer mit Hilfe von Transportmodellen.

4) Durchführung der Risikobewertung (Kapitel 3.3.4). Auswertung der Verlagerungswahrscheinlichkeit und der Schadstoffkonzentrationen im Sickerwasser z. B. hinsichtlich gegebener (gesetzlicher) Grenzkonzentrationen zur Beschreibung der Grundwassergefährdung in den einzelnen Simulationseinheiten.

5.3.1 Räumliche Gliederung des Retentionsraums für die Risikoberechnung

Zur Berücksichtigung der räumlichen Variabilität der Bodeneigenschaften im Retentionsraum und der hydraulischen Bedingungen während eines Flutungsereignisses wird der Retentionsraum in Simulationseinheiten unterteilt, in denen jeweils unabhängig von einander die Risikoberechnung des eindimensionalen Schadstofftransports über die Deckschicht erfolgt. Die Simulationseinheiten werden durch räumliche Verschneidung der Flächen einheitlicher Bodeneigenschaften (Bodenbereiche) mit den Flächen einheitlicher hydraulischer Bedingungen im Retentionsraum (Flutungsbereiche) erstellt (Abbildung 5-8).

Mit Hilfe der Flutungsbereiche können die Unterschiede in der Flutungswasserspiegellage berücksichtigt werden, wie sie in durchströmten Retentionsräumen auftreten. Hierbei ist es möglich, für jeden Flutungsbereich eine eigene Ganglinie des Flutungswasserspiegels sowie der Grundwasserdruckhöhe zu definieren. Die Flutungsbereiche sind in durchströmten Retentionsräumen in Strömungsrichtung hintereinander angeordnet. Zur Berücksichtigung der Änderung der Grundwasserdruckhöhe in der Nähe des landseitigen Deichs (Abbildung 5-3) können die bei der Verschneidung entstandenen Flächeneinheiten zudem mit Einheiten gleichen Abstands zum landseitigen Deich (Entfernungsbereiche) verschnitten werden. Die so erstellten Simulationseinheiten übernehmen jeweils alle Eigenschaften der Teilbereiche (Boden-, Flutungsbereiche), aus denen sie hervorgegangen sind.

Mit Hilfe von Simulationen der Sedimentationsvorgänge während des Hochwasserereignisses können zudem die abgelagerten Sedimentmassen auf den Simulationseinheiten bestimmt werden (Kapitel 4.2.5). Je nach Ablagerungsmuster müssen hierfür eventuell weitere räumliche Unterteilungen vorgenommen werden.

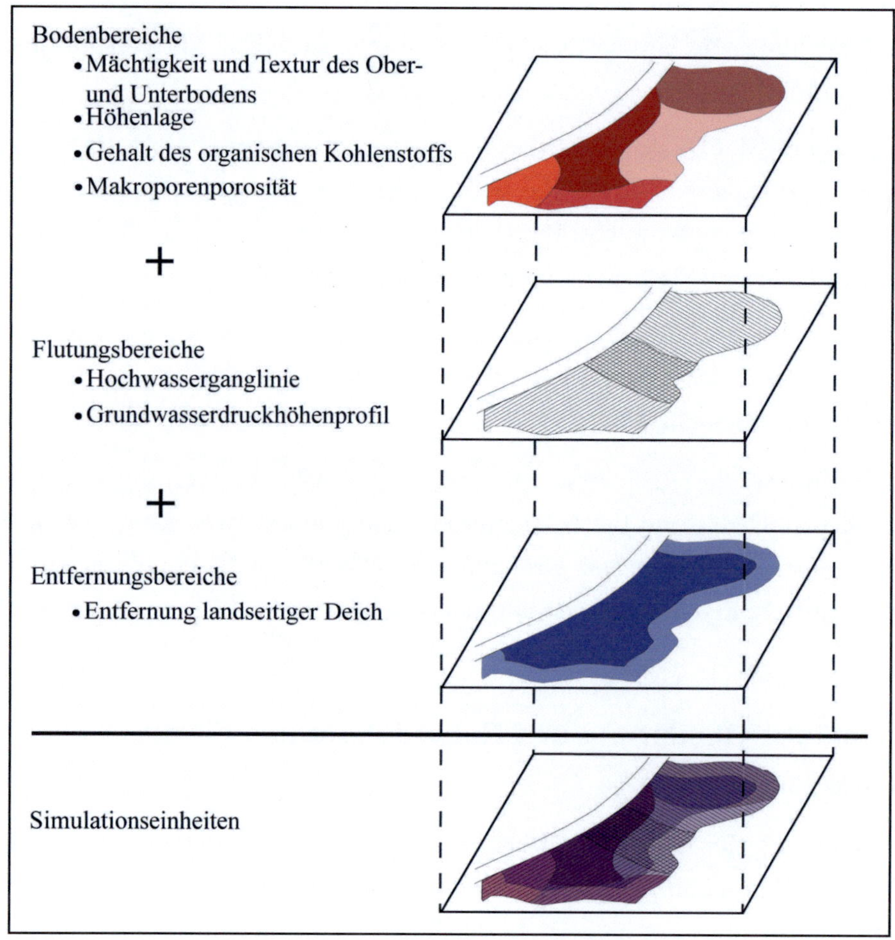

Abbildung 5-8: Erstellung der Simulationseinheiten zur Berechnung der eindimensional vertikalen Schadstoffverlagerung über die Deckschicht (BETHGE 2009).

5.3.2 Beschreibung der Unsicherheit der Bodenparameter

Durch die Abgrenzung der Bodeneinheiten (Bodenbereiche in Abbildung 5-8) wird die großräumige Variabilität der Struktur-, Strömungs- und Transporteigenschaften der Deckschicht beschrieben. Die kleinräumige Variabilität der Bodeneigenschaften innerhalb der Bodenbereiche wird bei der Beschreibung der Unsicherheit der Bodenparameter berücksichtigt. Unter der Annahme, dass die stochastischen Eigenschaften der Bodenparameter innerhalb einer Bodeneinheit homogen sind, können für jede Bodeneinheit mit Hilfe der für sie vorliegenden Bodendaten jeweils Wahrscheinlichkeitsverteilungen erstellt werden. Hierfür müssen die Funktionstypen (z. B. Normalverteilung, Log-Normalverteilung) und die Funktionsparameter (z. B. Mittelwert und Standardabweichung bei der Normalverteilung) der Wahrscheinlichkeitsfunktionen ermittelt werden.

Die Auswahl der Bodeneigenschaften, deren Unsicherheit im Rahmen der stochastischen Transportsimulationen berücksichtigt wird, orientiert sich an ihrem Einfluss auf den Schadstofftransport über die Deckschicht (s. Tabelle 5-1). Die Bodeneigenschaften (Lageparameter, Struktur-, Strömung- und Transportparameter) sind in der Regel nicht unabhängig voneinander. Während der Durchführung der stochastischen Transportsimulation sollten daher die Abhängigkeiten zwischen den einzelnen Parametern berücksichtigt werden. Zur Berücksichtigung der Abhängigkeit der Bodeneigenschaften von der Landnutzung im Retentionsraum sowie von der Bodentextur können z. B. Bodenstandortgruppen definiert werden, für die jeweils Parameterwahrscheinlichkeitsfunktion ermittelt werden (BETHGE 2009).

Die zur Bestimmung der Parameterwahrscheinlichkeitsfunktionen vorliegenden Bodendaten sind in Daten, die mit Hilfe von direkten Messungen der gesuchten Größe bestimmt wurden, (z. B. Bestimmung der hydraulischen Leitfähigkeit im Feld oder Labor) und in Daten, die mit Hilfe von Literaturwerten aus sekundären Größen abgeleitet wurden (z. B. Bestimmung der hydraulischen Leitfähigkeit aus der Bodentextur mit Hilfe von Pedotransferfunktionen), zu unterscheiden. Direkte Messungen sind bei der Erstellung der Wahrscheinlichkeitsfunktionen den abgeleiteten Werten in der Regel vorzuziehen. Eine Kombination beider Datenarten kann z. B. mit Hilfe der Bayes'schen Statistik erfolgen (LEE 1997). Hierbei werden die Funktionsparameter zunächst getrennt für beide Datensätze bestimmt und im Anschluss unter Verwendung einer Gewichtung wieder zu einer a-posteriori-Verteilung zusammengeführt. Die Verwendung beider Informationsquellen erlaubt es unter Umständen, dass trotz einer geringen Anzahl von direkten Messdaten verlässliche Wahrscheinlichkeitsfunktionen erstellt werden können.

Die verfügbaren Bodeninformationen innerhalb einer Bodeneinheit unterscheiden sich hinsichtlich ihres Bodenaufbaus (Horizontanzahl, Horizontmächtigkeit etc.). Zur Erstellung von Wahrscheinlichkeitsverteilungen der hydraulischen Leitfähigkeit und des TOC-Gehalts kann es daher sinnvoll sein, eine modellhafte Beschreibung der Deckschicht zugrunde zu legen, in der die Anzahl der Bodenhorizonte festgelegt ist (z. B. zweischichtiger Bodenaufbau aus Ober- und Unterboden). Für jedes Bodenprofil werden die vorgefundenen Bodenhorizonte nach zuvor definierten Regeln einem der Modellhorizonte zugewiesen und anschließend mittlere Werte der gesuchten Parameter (Mächtigkeit, hydraulische Leitfähigkeit, TOC-Gehalt) für die Modellhorizonte bestimmt. Mit Hilfe dieser mittleren Werte werden die Wahrscheinlichkeitsverteilungen der stochastischen Parameter für die jeweiligen Modellhorizonte ermittelt und im Rahmen der stochastischen Transportsimulationen verwendet.

Die Lageparameter eines Bodenprofils (Entfernung zum landseitigen Deich, Höhenlage) haben ebenfalls einen großen Einfluss auf den berechneten Schadstofftransport über die Deckschicht. Mit Hilfe von Rasterdatensätzen kann eine flächenhafte Darstellung der Lageparameter für den Retentionsraum erfolgen. Für die Höhenlage können diese Daten z. B. aus einem digitalen Höhenmodell des Untersuchungsgebiets gewonnen werden. Nach erfolgter Verschneidung der Bodenbereiche mit den Flutungs- und Sedimentationsbereichen kann die Wahrscheinlichkeitsverteilung der Lageparameter für jede Simulationseinheit getrennt berechnet werden. Hierfür werden die Rasterinformationen für jede Simulationseinheit hinsichtlich ihrer Verteilungsparameter (z. B. Mittelwert und Standardabweichung) ausgewertet.

5.3.3 Durchführung der Risikoberechnung

Zur Berechnung der Häufigkeitsverteilung der Schadstoffbelastung P(C) in Gleichung (5.9) wird aufgrund ihrer flexiblen Anwendungsmöglichkeiten häufig die Monte-Carlo-Simulation verwendet (ZHENG & BENNETT 2002). Grundlage der Monte-Carlo-Simulation sind die Wahrscheinlichkeitsfunktionen der Modelleingangsparameter. Die Monte-Carlo-Simulation besteht aus einer großen Anzahl von Modellläufen, für die jeweils unterschiedliche Eingangsparameter gewählt werden. Die Werte der Eingangsparameter für die einzelnen Modellläufe werden über ihre Wahrscheinlichkeitsverteilungen mit Hilfe von Zufallsgeneratoren bestimmt. Die Zufallsgeneratoren sind Algorithmen, die Parameterstichproben unter Berücksichtigung der jeweiligen Wahrscheinlichkeitsverteilung erzeugen können. Durch wiederholte Durchführung der Simulationen unter Verwendung unterschiedlicher Modellparameter wird eine Häufigkeitsverteilung des Simulationsergebnisses erstellt. Zur Durchführung der Simulationen können beispielsweise die Transportmodelle HYDRUS1D (SIMUNEK 2005) oder FWInf (BETHGE 2009) verwendet werden.

Die Darstellung der Ergebnisse einer Monte-Carlo-Simulation erfolgt meist mit Hilfe einer Häufigkeitsverteilung (Histogramm). Aus dieser können statistische Parameter wie der Median oder die Varianz abgeleitet werden. Die berechneten Häufigkeitsverteilungen für die Schadstoffkonzentration am Übergang Deckschicht – Aquifer am Ende des Simulationszeitraums (C_{aqu}) können verwendet werden, um für jede Simulationseinheit die Wahrscheinlichkeit der Schadstoffverlagerung in den Aquifer zu berechnen. Bei der Bodenpassage können Verdünnungseffekte und Schadstoffabbau zu einer Verringerung der Schadstoffkonzentration im Bodenwasser führen. Zur Festlegung, ob während eines Simulationslaufs eine Schadstoffverlagerung in den Aquifer eintritt, kann daher ein Schwellenwert verwendet werden, der unterhalb der Konzentration liegt, mit der die Schadstoffe in die Bodenzone eingetragen werden (z. B. 10% der Konzentration im Flutungswasser C_{Fl}).

5.3.4 Durchführung der Risikobewertung

Mit Hilfe der ermittelten Verlagerungswahrscheinlichkeit kann das Risiko einer Grundwasser-gefährdung für die Standorte im Retentionsraum bestimmt werden. Hierfür wird neben der Verlagerungswahrscheinlichkeit auch der durch das Eintreffen eines Schadstoffs im Aquifer hervorgerufene Schaden berücksichtigt. Der hervorgerufene Schaden steigt mit dem Verhältnis zwischen der Schadstoffkonzentration am Übergang Deckschicht – Aquifer und einem definier-ten Grenzwert für die Konzentration C_{grenz} (z. B. Grenzwerte nach BBodschV, 1999) an.

Das Risiko einer Grundwassergefährdung kann in Abhängigkeit der Verlagerungswahrschein-lichkeit und des Schadens beispielsweise in drei Akzeptanzbereiche eingeteilt werden (Abbildung 5-9). Bei hohen Verlagerungswahrscheinlichkeiten und gleichzeitig geringer Schad-stoffkonzentration im Vergleich zum gewählten Grenzwert für die Konzentration kann das Risiko als akzeptabel eingestuft werden. Bei relativ hohen Schadstoffkonzentrationen kann jedoch schon eine geringe Verlagerungswahrscheinlichkeit als inakzeptabel betrachtet werden.

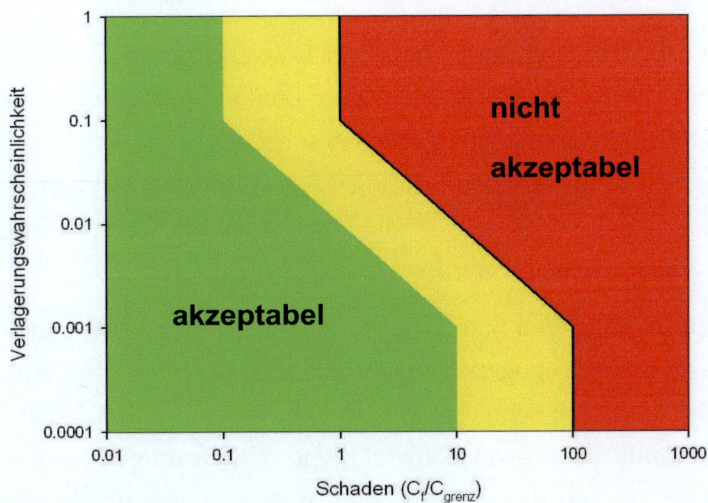

Abbildung 5-9: Akzeptanzbereiche für die Risikobewertung.

Unter Verwendung der berechneten Schadstoffverlagerungswahrscheinlichkeit kann mit Hilfe der Akzeptanzbereiche eine Risikobewertung für die Simulationseinheiten innerhalb eines Re-tentionsraums durchgeführt werden.

5.4 Messtechnische Bestimmung der Schadstoffkonzentrationen und -wirksamkeiten in der Bodenzone

Um die Auswirkungen von Hochwasserereignissen auf die Böden in Überflutungsräumen zu erfassen, ist es notwendig, vergleichende Untersuchungen an überfluteten und nahe gelegenen nicht überfluteten Böden (mit ähnlicher Morphologie) durchzuführen. Durch den Vergleich der Analyseergebnisse von den verschiedenen Standorten kann die langfristige, summarische Wirkung der vergangenen Überflutungsereignisse ermittelt werden.

Die chemische Analytik ermöglicht es, gegebenenfalls typische im Fluss vorhandene Schadstoffe der Wasser- bzw. Schwebstoffphase im Boden einer Überflutungsfläche zu detektieren, und damit einen direkten Hinweis auf das Gewässer als Ursprung einer Bodenbelastung zu geben. Biologische Wirktests ermöglichen es, summarische Wirk- und Schädigungspotentiale an den Standorten zu ermitteln (Kapitel 3.4). Durch die erneute Analyse von Bodenproben im Nachgang eines Hochwasserereignisses lassen sich auch die unmittelbaren Auswirkungen eines aktuellen Hochwasserereignisses auf die Belastungssituation vor Ort ermitteln.

Die Untersuchungen im Freiland sind unbedingt notwendig, um die Ergebnisse einer Stofftransportmodellierung bewerten zu können. Die im Freiland tatsächlich ermittelten Schadstoffbelastungen und Gefährdungspotentiale geben bei sorgfältiger Probenahme und Analyse wichtige Hinweise für eine Grundwassergefährdung. Liegen Informationen zu den Flutungsszenarien und Randbedingungen vor, können solche Daten auch zur Überprüfung und ggf. Validierung der Modellierungen eingesetzt werden.

Zur Auswahl der zu beprobenden Standorte sollten auch die Überlegungen aus den vorangegangenen Kapiteln (z. B. zur Topographie des Geländes) berücksichtigt werden. Die Kenntnis der Transportmechanismen von Schwebstoffen in Gewässern (Kapitel 4.2) erlaubt Rückschlüsse darauf, an welchen Standorten Schwebstoffe während Überflutungen bevorzugt sedimentieren. An diesen Standorten werden dementsprechend auch schwebstoffgebundene Schadstoffe in den größten Mengen nachzuweisen sein. Die Kenntnis der Transportmechanismen in der Bodenzone (Kapitel 1) ermöglicht die Identifikation von Standorten, in denen hohe Infiltrationsraten von Oberflächenwasser in die Bodenzone auftreten können. Dort sind folglich die höchsten Konzentrationen von vorwiegend gelöst transportierten Schadstoffen im Boden zu erwarten.

Es hat sich bewährt, zur Gewinnung der Proben zwei Methoden, mit denen unterschiedliche Ziele verfolgt werden, zu verwenden. Mittels Flächenproben werden Inhomogenitäten reduziert, während die Tiefenprofile die Verteilung einzelner Schadstoffe mit der Tiefe wiedergeben können.

- o Flächenprobe:
  Aufgrund der relativ großen Inhomogenitäten in Auengebieten wird für die oberste Bodenschicht auf die Entnahme einer Flächenprobe zurückgegriffen. Hierzu werden auf dem ca. 10m x 10m großen Beprobungsgelände 10 Bohrstockproben entnommen und in die beiden Tiefenstufen 0-15 cm und 15-30 cm aufgeteilt. Die 10 Proben jeder

Tiefenstufe werden vereinigt und homogenisiert. Beide Proben werden nachfolgend aufbereitet und analysiert.

o   Tiefenprofil:
    In der Mitte des 10m x 10m großen Beprobungsgeländes wird mit einem Bohrstock eine Tiefenprobe entnommen und in die Tiefenstufen 0-30 cm, 30-60 cm und 60-90 cm aufgeteilt. Diese drei Proben werden nachfolgend aufbereitet und analysiert.

Im Fall der Flächenprobe beinhaltet die obere Schicht in den meisten Fällen den gesamten Oberboden, der in der Regel die höchsten Gehalte organischen Materials und somit auch das größte Sorptionsvermögen für evtl. vorhandene oder eingetragene Schadstoffe aufweist. Erfahrungsgemäß nehmen sowohl die Gehalte an organischem Material als auch die Schadstoffgehalte relativ rasch mit der Tiefe ab. In Senken, die durch vorhergehende Überflutungsereignisse bereits ganz oder teilweise aufgefüllt wurden, können sich – je nach Belastungssituation – gänzlich andere Konzentrationsprofile ergeben.

6 Schadstofftransport im Grundwasserleiter

Ist eine Substanz in den Grundwasserleiter (Aquifer) eingedrungen, so stellt ihr Transport entlang der Grundwasserströmung die letzte Barriere dar, bevor diese Substanz das Wasserwerk erreicht. In dieser Barriere werden drei wesentliche Wirkmechanismen unterschieden:

1) **Strömungssituation**: Da der Stofftransport im Wesentlichen advektiv entlang der Grundwasserströmung stattfindet, kann ein günstiges Strömungsfeld des Grundwassers zur Folge haben, dass trotz räumlicher Nähe von Retentionsraum und Wasserwerk keine in das Grundwasser infiltrierten Schadstoffe zu den Entnahmebrunnen gelangen können. Die dabei entscheidenden Zusammenhänge werden nachfolgend ausführlich dargestellt.

2) **Verdünnung**: Verdünnungsprozesse führen dazu, dass auch bei ungünstigen Strömungsverhältnissen eine Substanz im Entnahmebrunnen eines Wasserwerks in der Regel mit sehr viel geringerer Konzentration auftritt als im Flusswasser, mit dem der nahe Retentionsraum geflutet wird. Insbesondere in den Entnahmebrunnen selbst mischen sich meist Grundwässer aus unterschiedlichen Richtungen und Tiefen, woraus eine starke Verdünnung resultieren kann. Aber auch bei der Infiltration von Oberflächenwasser ins Grundwasser bzw. dem nachfolgenden Transport im Grundwasserstrom kann je nach Standort eine erhebliche Verdünnung stattfinden. Die Verdünnungseffekte sind integraler Bestandteil der nachfolgenden Betrachtungen.

3) **Abbau und Rückhalt**: Viele Substanzen werden während des Transportes im Grundwasser mikrobiologisch oder chemisch abgebaut, wodurch ihre Gesamtmasse im Lauf der Zeit reduziert wird. Weiterhin bewegen sich viele Substanzen im Grundwasserstrom langsamer als das Grundwasser, sie werden also durch die Matrix des Grundwasserleiters wie in einem Chromatographen zurückgehalten. Im Zusammenspiel mit Verdünnungseffekten führt der Rückhalt zu geringeren messbaren Konzentrationen, obwohl sich die vorhandene Gesamtmasse der Substanz dadurch nicht ändert. Abbau und Rückhalt hängen sowohl von der betrachteten Substanz als auch von Parametern des Grundwasserleiters ab. Bei einigen sehr mobilen und persistenten Stoffen treten beide Mechanismen praktisch nicht in Erscheinung.

Aufgrund der übergeordneten Fragestellung wird im Folgenden von einem porösen Grundwasserleiter mit freier Grundwasseroberfläche ausgegangen. Bei einer Mehrzahl der Standorte mit einem Retentionsraum und einem Wasserwerk liegt diese Situation vor. Die meisten nachfolgenden Betrachtungen lassen sich jedoch auch auf gespannte Verhältnisse oder Kluftaquifere übertragen.

6.1 Strömung und Stofftransport im Grundwasserleiter

Bevor auf die komplexen Gegebenheiten der Grundwasserströmung zwischen Retentionsraum und Wasserwerk eingegangen wird, werden zunächst die grundlegenden Gesetzmäßigkeiten der Strömung und des Stofftransports im wassergesättigten Untergrund kurz vorgestellt. Einen ausführlicheren Überblick zum Thema Grundwasser bieten beispielsweise SCHWARTZ & ZHANG (2003) oder HÖLTING & COLDEWEY (2005).

6.1.1 Grundlagen

Grundwasser ist unterirdisches Wasser, das die Hohlräume unter der Erdoberfläche zusammenhängend ausfüllt und dessen Bewegung nur von der Schwerkraft bestimmt wird. Das Potential (Kapitel 2.1.1) des Grundwassers an einem Standort kann als Piezometerhöhe bzw. Höhe des Grundwasserspiegels an Grundwassermessstellen bestimmt werden. In einem (isotropen) Porengrundwasserleiter fließt das Grundwasser immer entlang des größten Gradienten des Potentialgefälles, d. h. immer orthogonal zu den Linien gleicher Höhe des Grundwasserspiegels.

Die grundlegenden Gesetze der Grundwasserströmung wurden in Kapitel 2.1.2 vorgestellt. Übliche Werte für die hydraulische Leitfähigkeit liegen in Größenordnungen zwischen $k_f = 10^{-2}$ m/s für sehr gut durchlässige Kiese und $k_f = 10^{-9}$ m/s für praktisch undurchlässige Tone. Der effektive Porenraum n_e liegt oft in der Größenordnung von 10 bis 20 %. Natürliche Abstandsgeschwindigkeiten in Talaquiferen liegen häufig in der Größenordnung von 1 Meter pro Tag, können aber auch deutlich davon abweichen.

Der Stofftransport im Grundwasserleiter kann im Allgemeinen durch die Prozesse der Advektion, der Diffusion bzw. Dispersion, der Retardation und des Stoffabbaus beschrieben werden (Kapitel 2.2). Häufig ist die Advektion der dominierende Prozess. Die Diffusion setzt sich im Grundwasserleiter zusammen aus der molekularen Diffusion und der Dispersion, wobei die molekulare Diffusion für die meisten Fragestellungen vernachlässigt werden kann. Aufgrund der laminaren Strömung im Grundwassserleiter tritt keine turbulente Diffusion auf.

Für einige Substanzen ist bekannt, dass sie im Grundwasserstrom weder nennenswert abgebaut noch nennenswert retardiert werden. Ein Beispiel dafür sind Röntgenkontrastmittel, die speziell dafür entwickelt wurden, möglichst wenig mit ihrer Umwelt zu reagieren.

6.1.2 Größe des Einzugsgebietes eines Wasserwerks

In Abbildung 6-1 ist das Einzugsgebiet eines Entnahmebrunnens in einem homogenen und isotropen Grundwasserleiter dargestellt.

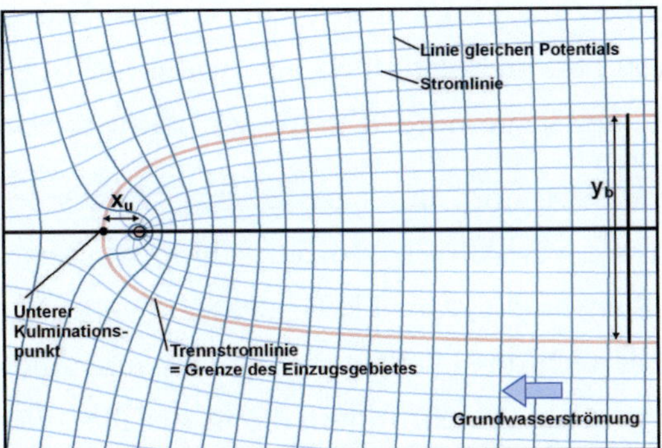

Abbildung 6-1: Einzugsgebiet eines Entnahmebrunnens in einem homogenen Strömungsfeld

Die Breite des Einzugsgebietes y_b [m] und die vom Brunnen abstromige Ausdehnung des Einzugsgebietes x_u [m] bis zum unteren Kulminationspunkt, an dem keine Grundwasserströmung mehr stattfindet, kann für homogene und isotrope Verhältnisse aus der Entnahmerate Q_E [m³/s], der hydraulischen Leitfähigkeit k_f [m/s] und Mächtigkeit M_{GW} [m] des Grundwasserleiters sowie dem Gefälle des Grundwasserspiegels I [-] mit den beiden Gleichungen (6.1) berechnet werden.

$$y_b = \frac{Q_E}{k_f \cdot M_{GW} \cdot I} \quad , \quad x_u = \frac{Q_E}{2 \cdot \pi \cdot k_f \cdot M_{GW} \cdot I} \tag{6.1}$$

6.1.3 Grundwasserströmung und Stofftransport zwischen einem Fließgewässer und einem Wasserwerk

Influente und effluente Fließgewässer

Wenn der Wasserstand in einem Fließgewässer höher ist als der Grundwasserspiegel des darunter liegenden Grundwassers, so infiltriert aufgrund des entstehenden Potentialgradienten Flusswasser durch die Gewässersohle in den Grundwasserleiter. Man spricht dann (bezüglich des Grundwasserleiters) von einem influenten Fließgewässer bzw. von influenten Verhältnissen. Im umgekehrten Fall, wenn der Grundwasserspiegel höher ist als der Wasserstand im Fließgewässer, dann exfiltriert Grundwasser durch die Gewässersohle in das Fließgewässer. Ein entsprechender Fließgewässerabschnitt wird effluent genannt. Die Geschwindigkeit der Infiltration ist entsprechend des Darcy-Gesetzes (Gleichung (2.7) bzw. (2.8)) sowohl von der Potentialdifferenz zwischen Fließgewässer und Grundwasser als auch von der Dicke und der Durchlässigkeit der Gewässersohle abhängig. Häufig finden in der Gewässersohle chemische und mikrobiologische Umsetzungsprozesse besonders intensiv statt, da hier Zonen unterschiedlichen chemischen Milieus eng beieinander liegen.

Bei einem Fließgewässerabschnitt, der quer zur Grundwasserströmung verläuft, ist es möglich, dass auf der einen Uferseite Exfiltration von Grundwasser in das Fließgewässer stattfindet, auf der anderen Uferseite Infiltration von Flusswasser in das Grundwasser. Im Grundwasserabstrom des Fließgewässers befindet sich dann ein Anteil infiltriertes Flusswasser im Grundwasser, auch wenn in der Bilanz insgesamt effluente Verhältnisse vorliegen.

Wenn an einem Fließgewässerabschnitt unter natürlichen, ungestörten Bedingungen im Mittel an beiden Uferseiten influente Verhältnisse vorherrschen, so dass die Grundwasserströmung auf beiden Seiten des Fließgewässers vom Fließgewässer weg zeigt, dann ist demzufolge im Grundwasserleiter im Nahbereich des Fließgewässers fast ausschließlich infiltriertes Flusswasser vorzufinden. Grundwasserentnahmebrunnen, die in der Nähe eines solchen Fließgewässerabschnittes platziert sind, fördern demnach fast ausschließlich infiltriertes Flusswasser bzw. Uferfiltrat.

Wenn an einem Fließgewässerabschnitt unter natürlichen, ungestörten Bedingungen im Mittel an beiden Uferseiten effluente Verhältnisse vorherrschen, so ist die Grundwasserströmung auf beiden Seiten des Fließgewässers zum Fließgewässer hin gerichtet. Bei Grundwasserbrunnen, die in der Nähe eines solchen Fließgewässerabschnittes platziert sind, ist zu unterscheiden, ob das Einzugsgebiet der Brunnen (Kapitel 6.1.2) unter mittleren hydrologischen Bedingungen einen Abschnitt des Fließgewässers beinhaltet.

Das Einzugsgebiet des Wasserwerks grenzt nicht an das Fließgewässer

Wenn das Einzugsgebiet eines Wasserwerks unter mittleren hydrologischen Bedingungen nicht an das Fließgewässer angrenzt (Abbildung 6-2), so folgt daraus, dass das geförderte Grundwasser keinen Anteil an Flusswasser (Uferfiltrat) enthält.

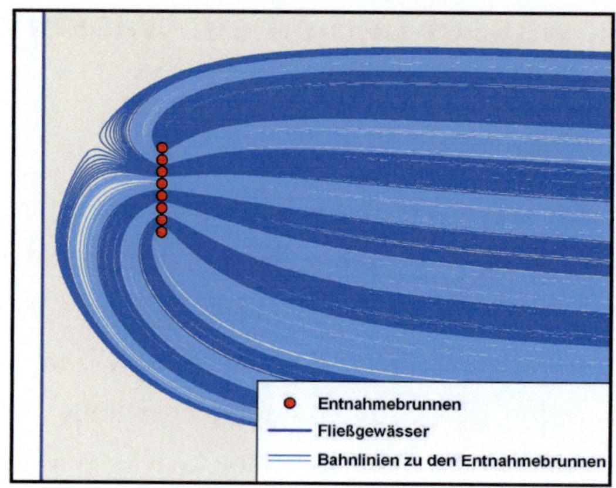

Abbildung 6-2: Das Einzugsgebiet des Wasserwerkes ist räumlich vom Fließgewässer getrennt.

Bei einem Hochwasserereignis im Fließgewässer infiltriert Flusswasser aufgrund einer Umkehr des hydraulischen Potentials in den Grundwasserleiter. In der Folge steigen die Grundwasserstände im Umfeld des Fließgewässers an. Je nach Intensität des Hochwasserereignisses ist ein signifikanter Anstieg noch in einer Entfernung vom Fließgewässer von mehreren Kilometern messbar.

Das während dem Hochwasserereignis in den Grundwasserleiter infiltrierte Flusswasser bleibt meist in einem Bereich von weniger als 100 m Entfernung vom Fließgewässer. Daher dringt bei Hochwasser meist kein Uferfiltrat in das Einzugsgebiet des Wasserwerks ein, so dass im Nachgang des Hochwasserereignisses kein Uferfiltrat zum Wasserwerk gelangen kann, sondern das infiltrierte Flusswasser wieder vollständig dem Fließgewässer zuströmt.

Selbst wenn das während des Hochwassers infiltrierte Flusswasser in einen Teil des Grundwasserleiters gelangt, der als Einzugsgebiet des Wasserwerks für mittlere hydrologische Verhältnisse definiert ist, ändert sich wenig an dieser Situation. Da nach dem Hochwasserereignis ein starker Gradient des Grundwasserspiegels zum Fließgewässer hin entsteht, strömt das infiltrierte Flusswasser wieder nahezu vollständig dem Fließgewässer zu (KÜHLERS & MAIER 2009). Aufgrund von Dispersion kann ein geringer Anteil Flusswasser im Einzugsgebiet des Wasserwerks verbleiben, das dann den Entnahmebrunnen zuströmt. Der verbleibende Flusswasseranteil im Grundwasser befindet sich dann in der Nähe des unteren Kulminationspunktes, wo der hydraulische Gradient und damit die Fließgeschwindigkeit des Grundwassers sehr gering sind. Infolgedessen strömt das infiltrierte Flusswasser nur sehr langsam zu den Entnahmebrunnen und wird dort stark mit anderem Grundwasser verdünnt, so dass es in der Regel am Wasserwerk nicht mehr nachweisbar ist.

Eine andere Situation liegt nur vor, wenn die Entnahmebrunnen sich sehr nah am Fließgewässer befinden, so dass während des Hochwasserereignisses selbst infiltriertes Flusswasser die Brunnen erreicht oder sehr nahe an die Brunnen herankommt. In diesem Fall können dementsprechend sehr hohe Fließgewässeranteile in die Grundwasserentnahmebrunnen gelangen.

Das Einzugsgebiet des Wasserwerks beinhaltet einen Abschnitt des Fließgewässers

Wenn das Einzugsgebiet des Wasserwerks an das Fließgewässer angrenzt, so folgt daraus, dass das geförderte Grundwasser bereits bei mittleren hydrologischen Bedingungen, wenn keine erhöhte Wasserführung im Fließgewässer vorliegt, einen gewissen Anteil Flusswasser (bzw. Uferfiltrat) enthält (Abbildung 6-3). Daraus folgt auch, dass sich in einem Bereich des Grundwasserleiters zwischen Entnahmebrunnen und Fließgewässer praktisch ausschließlich Uferfiltrat befindet.

Durch eine kurzzeitig erhöhte Schadstoffkonzentration im Fließgewässer, beispielsweise verursacht durch einen Gefahrstoffunfall, geht für solche Wasserwerke keine Gefährdung aus, wie Ende der 80er Jahre in einem Forschungsprojekt nach der Sandoz-Katastrophe am Rhein festgestellt wurde (SONTHEIMER 1991). Auch explizite Uferfiltratwasserwerke sind vor Stoßbelastungen im Fließgewässer gut geschützt, da eine Gewässersohle im Nahbereich eines Wasserwerkes praktisch wasserundurchlässig werden kann, indem sich durch das hohe Potentialgefälle dort feinkörniges Material in die Gewässersohle einlagert. Dadurch hat das Uferfiltrat sehr unterschiedliche Aufenthaltszeiten im Grundwasserleiter, bevor es zu den Entnahmebrunnen gelangt, wodurch wiederum eventuelle Spitzen einer Schadstoffkonzentration stark vermindert werden. Nachfolgend wird daher von einer konstanten Schadstoffbelastung des Fließgewässers ausgegangen.

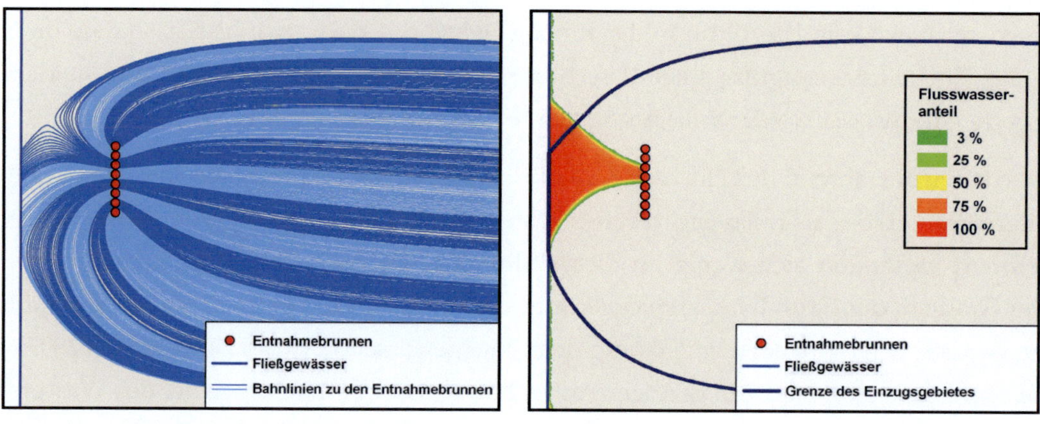

Abbildung 6-3: Das Einzugsgebiet des Wasserwerkes beinhaltet einen Abschnitt des Fließgewässers

Ein Hochwasser im Fließgewässer führt dazu, dass sich der Gradient des Grundwasserspiegels zwischen Fließgewässer und Entnahmebrunnen des Wasserwerks erhöht. Die Erhöhung des Gradienten ereignet sich an den Entnahmebrunnen nicht notwendigerweise sofort, sondern kann je nach Entfernung zum Fließgewässer mit Verzögerung stattfinden. Die durch das Hochwasser verursachte Erhöhung des Gradienten an den Entnahmebrunnen führt zu einem erhöhten Anteil von infiltriertem Flusswasser (Uferfiltrat) im entnommenen Grundwasser. Bei Hochwasserereignissen mittlerer Dauer handelt es sich jedoch überwiegend nicht um Flusswasser, dass während des Hochwassers in den Grundwasserleiter infiltriert ist, sondern um Flusswasser, das sich bereits vor dem Hochwasserereignis in der Nähe der Entnahmebrunnen befunden hat (KÜHLERS & MAIER 2009).

Nach dem Hochwasserereignis normalisiert sich der Gradient zwischen Fließgewässer und Entnahmebrunnen des Wasserwerks wieder, so dass auch der Flusswasseranteil in den Entnahmebrunnen wieder relativ schnell auf den Wert von vor dem Hochwasserereignis zurückgeht. Der Rückgang des Uferfiltratanteils findet oft etwas langsamer statt als der Anstieg.

6.2 Charakterisierung der Grundwasserströmung zwischen Retentionsraum und Wasserwerk

Während der Flutung des Retentionsraums dringt Flusswasser über die Bodenzone des Retentionsraums in den Grundwasserleiter unter dem Retentionsraum ein. Wie im vorangegangenen Kapitel 1 zur Bodenzone bereits erläutert, infiltriert das Flusswasser vorwiegend in einem schmalen Streifen entlang des Deiches des Retentionsraums in den Grundwasserleiter, da hier die größten hydraulischen Gradienten vorliegen. Im Zentrum des Retentionsraums infiltrieren dagegen aufgrund fehlender oder nur geringer hydraulischer Gradienten nur geringe Mengen Flusswasser in den Grundwasserleiter.

Das in den Grundwasserleiter unter dem Retentionsraum infiltrierte Flusswasser dringt aufgrund der verhältnismäßig geringen Abstandsgeschwindigkeiten des Grundwasserstroms und der begrenzten Dauer der Flutungen nur in geringem Maß in den landseitigen Grundwasserleiter vor. Meist ist das infiltrierte Flusswasser daher nur in einem schmalen Bereich von wenigen 10er Metern um den Retentionsraum im Grundwasserleiter zu finden. Nach Rückgang des Hochwassers hat das infiltrierte Flusswasser bei im Mittel effluenten Randbedingung am Fließgewässer das Bestreben, wieder Richtung Fließgewässer zu strömen, soweit die Grundwasserströmung nicht durch weitere kleine Fließgewässer oder ein nahes Wasserwerk maßgeblich verändert wird.

Zur Charakterisierung der Grundwasserströmung zwischen Retentionsraum und Wasserwerk sind im Wesentlichen drei Fälle zu unterscheiden:

1) Der Retentionsraume und das Einzugsgebiet des Wasserwerks sind räumlich getrennt.
2) Das Einzugsgebiet des Wasserwerks beinhaltet Teile des Retentionsraums.
3) Das Einzugsgebiet des Wasserwerks beinhaltet sowohl Teile des Retentionsraums als auch einen Abschnitt des Fließgewässers.

6.2.1 Der Retentionsraum und das Einzugsgebiet des Wasserwerks sind räumlich getrennt

Wenn das Einzugsgebiet des Wasserwerks bei mittleren hydrologischen Bedingungen nicht den Retentionsraum überdeckt, so sind ähnliche Verhältnisse zu erwarten, wie sie in Kapitel 6.1.3 („Das Einzugsgebiet des Wasserwerks grenzt nicht an das Fließgewässer") beschrieben wurden.

Durch die Flutung des Retentionsraums erhöht sich der Gradient zwischen Retentionsraum und Wasserwerk signifikant. Dadurch fließt den Entnahmebrunnen des Wasserwerks verstärkt Grundwasser aus der Richtung des Retentionsraums zu. Da sich im Grundwasserleiter zwischen Retentionsraum und Entnahmebrunnen aber unter den gegebenen Randbedingungen kein infiltriertes Flusswasser befindet, führt die Erhöhung des Gradienten nicht zu einem Flusswasseranteil in den Entnahmebrunnen während des Hochwasserereignisses.

Das durch die Flutung am Rand des Retentionsraums infiltrierende Flusswasser fließt während des Hochwasserereignisses durch den erhöhten Gradienten in Richtung der Entnahmebrunnen. Trotz des erhöhten Gradienten legt das infiltrierte Flusswasser aber im Untergrund aufgrund der insgesamt niedrigen Abstandsgeschwindigkeiten während des Hochwasserereignisses meist nur eine verhältnismäßig kurze Strecke von meist weniger als 100 m zurück. Dadurch erreicht das infiltrierte Flusswasser die Entnahmebrunnen des Wasserwerks während des Hochwassers in der Regel nicht, außer wenn sich die Entnahmebrunnen sehr nah am Retentionsraum befinden. In den meisten Fällen dringt das infiltrierte Flusswasser nicht einmal in den Teil des Grundwasserleiters vor, der als Einzugsgebiet des Wasserwerks für mittlere hydrologische Verhältnisse definiert ist. Deshalb fließt das infiltrierte Flusswasser dann im Nachgang des Hochwassers nicht den Entnahmebrunnen zu, sondern strömt wieder Richtung Fließgewässer ab. Diese Situation wird beispielhaft in Abbildung 6-4 dargestellt.

In den Querschnitten der Abbildung 6-4 d) und e) sind die verhältnismäßig geringen Gradienten des Grundwasserspiegels zwischen Entnahmebrunnen und Fließgewässer, wie sie für mittlere Verhältnisse bestehen, erkennbar. Sie führen zu geringen Strömungsgeschwindigkeiten, insbesondere in der Nähe des unteren Kulminationspunktes des Wasserwerks an der Grenze des Einzugsgebietes. Daher kann das infiltrierte Flusswasser für Jahre im Grundwasserleiter verbleiben, bevor es wieder dem Fließgewässer zuströmt.

Selbst wenn das während des Hochwassers infiltrierte Flusswasser in einen Teil des Grundwasserleiters gelangt, der als Einzugsgebiet des Wasserwerks für mittlere hydrologische Verhältnisse definierte ist, ändert sich wenig an der gezeigten Situation. Da nach dem Hochwasserereignis ein starker Gradient des Grundwasserspiegels zum Fließgewässer hin entsteht, strömt auch dann das infiltrierte Flusswasser oft wieder vollständig dem Fließgewässer zu. Durch dispersive Prozesse können Anteile von Flusswasser im Einzugsgebiet des Wasserwerks zurück bleiben, die im Nachgang dem Wasserwerk zufließen. Aufgrund der geringen Fließgeschwindigkeiten zwischen Retentionsraum und Wasserwerk werden sie stark verdünnt und erreichen im Wasserwerk im Allgemeinen keine signifikanten Konzentrationen (vgl. Kapitel 6.2.2).

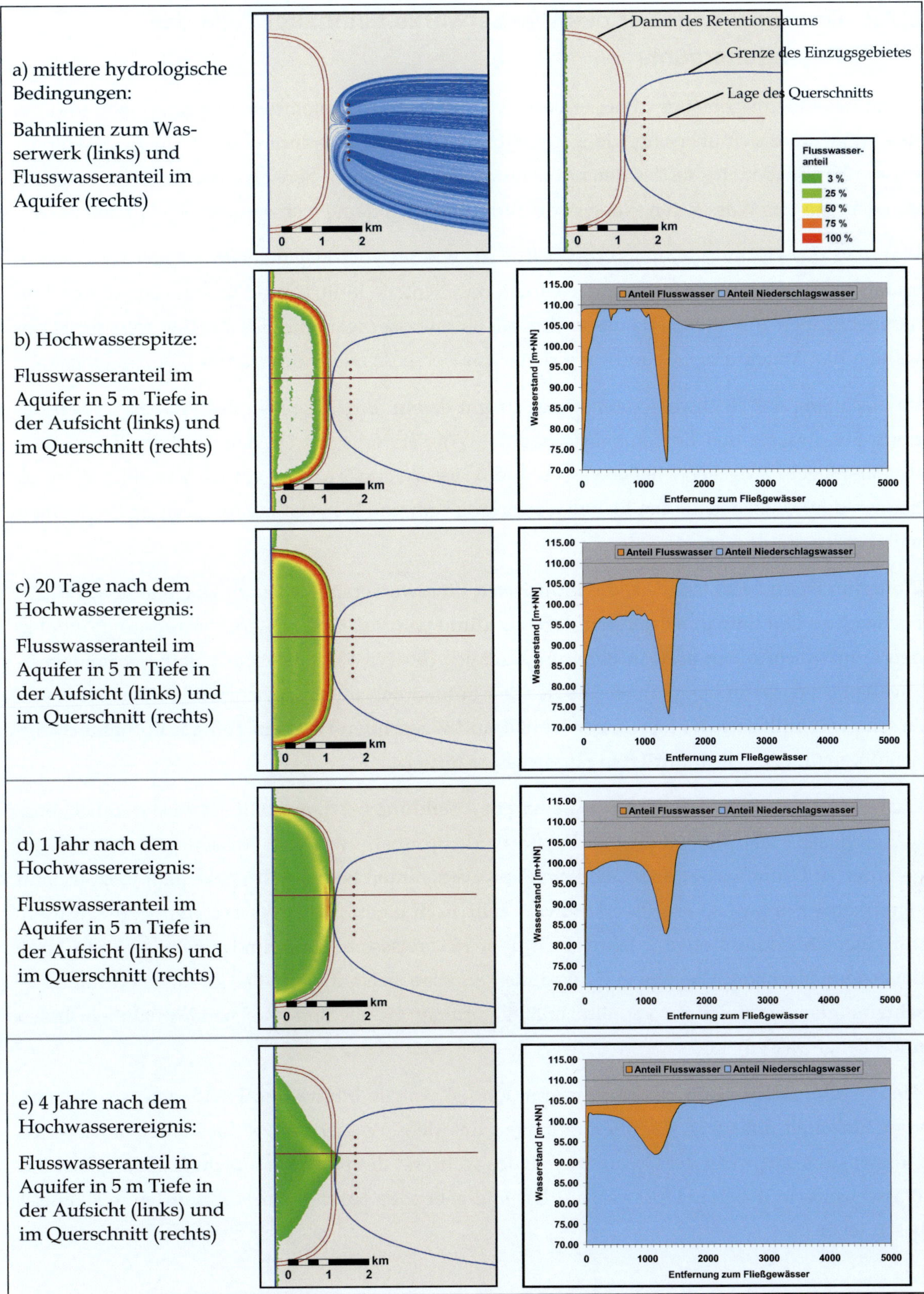

Abbildung 6-4: Beispiel der Wirkung eines Hochwassers im Fließgewässer, wenn Retentionsraum und Einzugsgebiet des Wasserwerks räumlich getrennt sind. Die Farben in den Querschnitten symbolisieren ausschließlich die jeweiligen prozentualen Anteile, nicht deren vertikale räumliche Verteilung. Im Wasserwerk werden auch im weiteren Verlauf keine signifikanten Flusswasseranteile berechnet.

6.2.2 Das Einzugsgebiet des Wasserwerks beinhaltet Teile des Retentionsraums

Wenn das Einzugsgebiet des Wasserwerks bei mittleren hydrologischen Bedingungen und der Retentionsraum sich überschneiden, so infiltriert Flusswasser während eines Hochwasserereignisses über die Bodenzone des Retentionsraums direkt in einen Bereich des Grundwasserleiters, von dem aus das Wasser den Wasserwerksbrunnen nach dem Hochwasserereignis zufließt.

Während des Hochwasserereignisses selbst ist, wie im vorangegangenen Kapitel 6.2.1 bereits erläutert, im Allgemeinen nicht zu erwarten, dass Anteile infiltrierten Flusswassers in den Entnahmebrunnen ankommen, da das infiltrierte Flusswasser während des Hochwassers meist nur wenige 10er Meter in den Grundwasserleiter landseitig des Retentionsraums eindringen kann.

Im Nachgang des Hochwasserereignisses strömt das im Einzugsgebiet des Wasserwerks infiltrierte Flusswasser den Entnahmebrunnen des Wasserwerks zu. Da der Gradient des Grundwasserspiegels zwischen Fließgewässer und Wasserwerksbrunnen verhältnismäßig klein ist, können die Fließzeiten zu den Brunnen sehr lang sein und je nach Standort wenige Wochen bis mehrere Jahre betragen.

Weiterhin ist zu beachten, dass die infiltrierten Flusswasseranteile durch Dispersion auf ihrem Fließweg zu den Entnahmebrunnen stark verdünnt werden. Eine weitere Verdünnung findet in den Entnahmebrunnen und Aufbereitungsanlagen des Wasserwerks selbst statt, da davon auszugehen ist, dass nur ein geringer Teil des den Entnahmebrunnen zuströmenden Grundwassers Anteile von infiltriertem Flusswasser enthält und weiterhin oft nur ein Teil der Entnahmebrunnen überhaupt Anteile infiltrierten Flusswassers fördern.

Die beschriebene Situation wird beispielhaft in Abbildung 6-5 dargestellt. Es wird deutlich, dass während des Hochwassers an den Wasserwerksbrunnen zwar der Wasserstand ansteigt, im geförderten Grundwasser aber sich kein Flusswasseranteil befindet. Im gezeigten Beispiel sind signifikante Flusswasseranteile erst etwa 1 Jahr nach einem Hochwasserereignis zu erwarten, mit einem Maximum etwa 2 Jahre nach dem Hochwasserereignis und einem mehrere Jahre dauernden Nachlauf. Die langen Zeitspannen ergeben sich aufgrund der geringen Abstandsgeschwindigkeiten infolge der verhältnismäßig geringen Gradienten zwischen Entnahmebrunnen und Fließgewässer.

Die im geförderten Grundwasser vorzufindenden Anteile infiltrierten Flusswassers sind stark vom Einzelfall abhängig. Die Gesamtmenge des dem Wasserwerk zufließenden infiltrierten Flusswassers entspricht der Gesamtmenge des während des Hochwassers im Einzugsgebiet des Wasserwerks infiltrierten Flusswassers. Die maßgebenden Faktoren hierfür wurden in Kapitel 1 beschrieben.

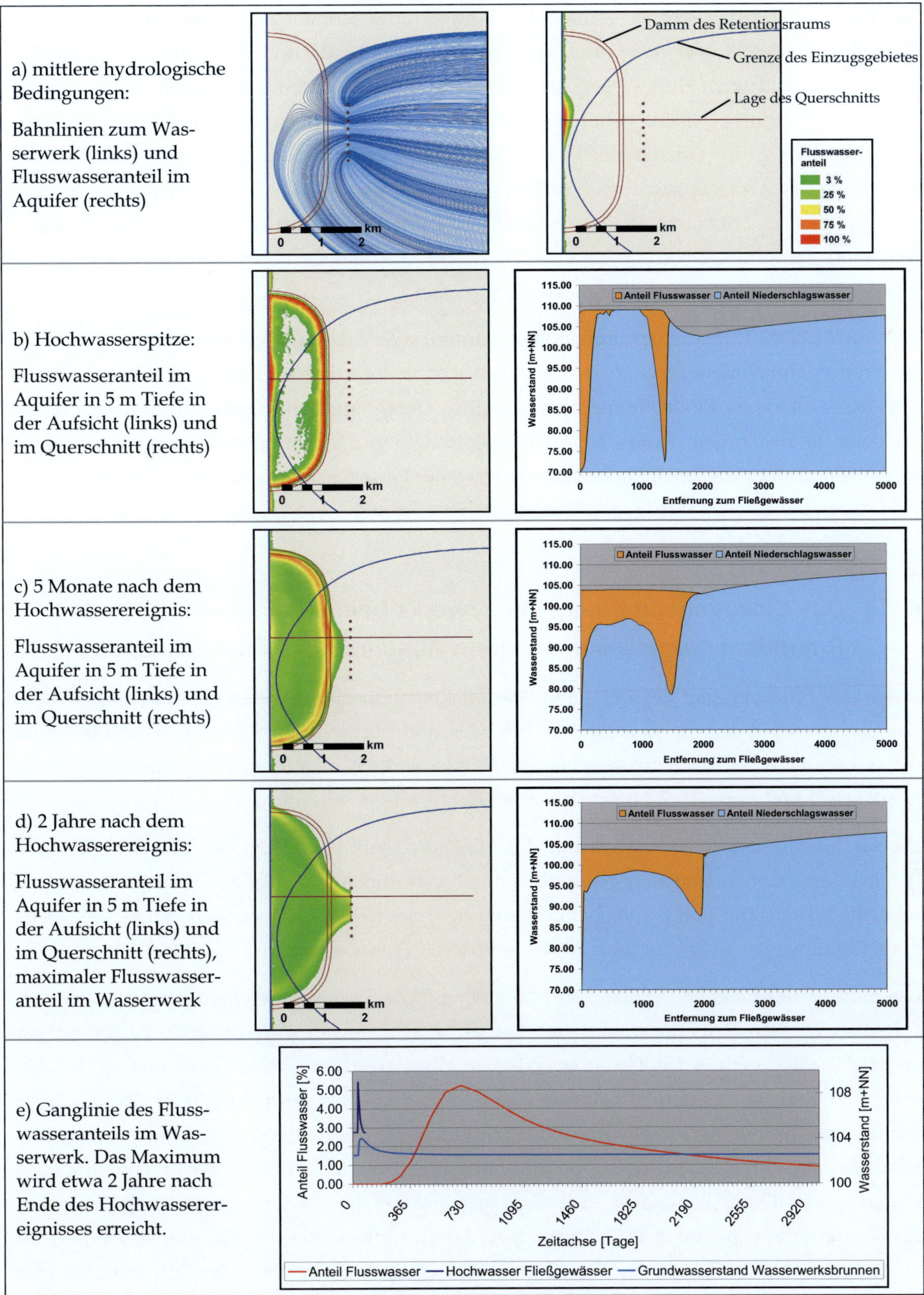

Abbildung 6-5: Beispiel der Wirkung eines Hochwassers im Fließgewässer, wenn das Einzugsgebiet des Wasserwerks Teile des Retentionsraums beinhaltet. Die Farben in den Querschnitten symbolisieren ausschließlich die jeweiligen prozentualen Anteile, nicht deren vertikale räumliche Verteilung.

Die Ganglinie, d. h. zeitliche Abfolge der Anteile infiltrierten Flusswassers im geförderten Grundwasser des Wasserwerks, und damit auch der Zeitpunkt und die Höhe des maximalen Anteils des infiltrierten Flusswassers im geförderten Grundwasser wird ebenfalls von mehreren Faktoren beeinflusst. Hierzu gehören neben der Menge und der räumlichen Verteilung des beim Hochwasser im Einzugsgebiet des Wasserwerks infiltrierten Flusswassers vor allem die Verteilung der Abstandsgeschwindigkeiten des Grundwasserstroms zwischen Ort der Infiltration und Ort der Entnahme. Weitere wesentliche Faktoren, die insbesondere das Maß der auftretenden Verdünnung bestimmen, sind die Mächtigkeit des Grundwasserleiters und die Geschwindigkeit der landseitigen Grundwasserströmung.

Aufgrund der Vielzahl der bestimmenden Faktoren ist eine quantitative Abschätzung der Höhe der an den Entnahmebrunnen zu erwartenden Anteile infiltrierten Flusswassers ohne eine detaillierte numerische Modellierung nicht möglich. Durch Auswertung der Abstandsgeschwindigkeiten zwischen dem Rand des Retentionsraums und den Entnahmebrunnen des Wasserwerks kann jedoch die Zeitspanne des Auftretens der Flusswasseranteile und der Zeitpunkt der maximalen Flusswasseranteile ungefähr abgeschätzt werden.

6.2.3 Das Einzugsgebiet des Wasserwerks beinhaltet sowohl Teile des Retentionsraums als auch einen Abschnitt des Fließgewässers

Wenn das Einzugsgebiet des Wasserwerks den Retentionsraum überlagert und zusätzlich an das Fließgewässer grenzt, so entspricht die daraus entstehende Wirkung einer Überlagerung der in Kapitel 6.1.3 („Das Einzugsgebiet des Wasserwerks beinhaltet einen Abschnitt des Fließgewässers") und Kapitel 6.2.2 beschriebenen Effekte.

Da das Einzugsgebiet einen Abschnitt des Fließgewässers beinhaltet, befindet sich in einem Bereich des Grundwasserleiters zwischen Entnahmebrunnen und Fließgewässer praktisch ausschließlich Uferfiltrat und bereits bei mittleren hydrologischen Bedingungen enthält das geförderte Grundwasser einen gewissen Anteil infiltriertes Flusswasser bzw. Uferfiltrat.

Die Flutung des Retentionsraums führt zu einer Erhöhung des Gradienten des Grundwasserspiegels zwischen Retentionsraum und Entnahmebrunnen des Wasserwerks. Aufgrund der verhältnismäßig geringen Entfernung zwischen Wasserwerk und Retentionsraum ist der Anstieg des Gradienten an den Entnahmebrunnen dabei meist nur gering verzögert. Die durch die Flutung des Retentionsraums verursachte Erhöhung des flussseitigen Gradienten an den Entnahmebrunnen führt zu einem erhöhten Anteil von infiltriertem Flusswasser im entnommenen Grundwasser. Dabei handelt es sich bei Hochwasserereignissen mittlerer Dauer nicht um Flusswasser, das während des Hochwassers in den Grundwasserleiter infiltriert ist, sondern um Flusswasser, das sich bereits vor dem Hochwasserereignis in der Nähe der Entnahmebrunnen befunden hat.

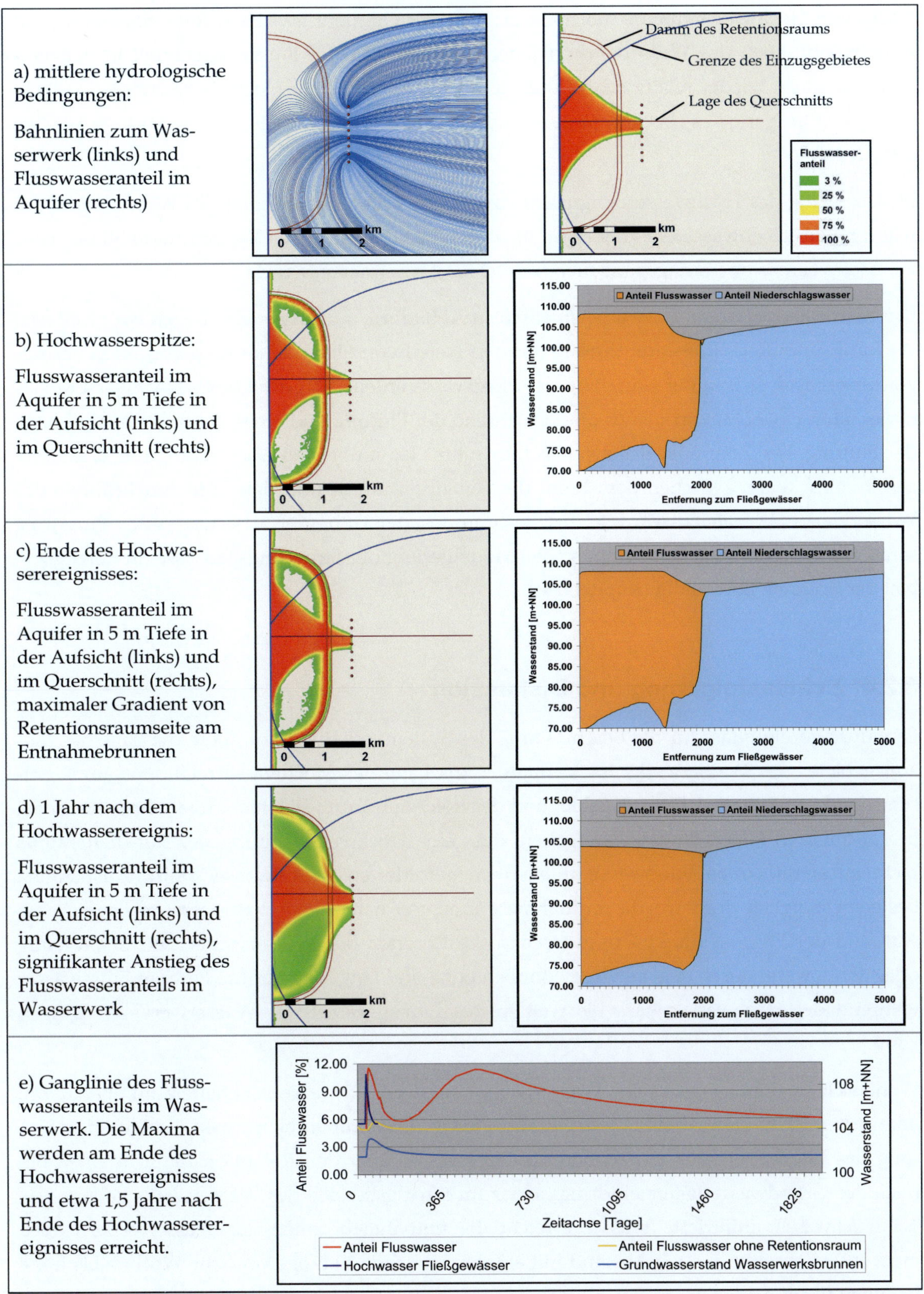

Abbildung 6-6: Beispiel der Wirkung eines Hochwassers im Fließgewässer, wenn das Einzugsgebiet des Wasserwerks sowohl Teile des Retentionsraums als auch einen Abschnitt des Fließgewässers beinhaltet. Die Farben in den Querschnitten symbolisieren ausschließlich die jeweiligen prozentualen Anteile, nicht deren vertikale räumliche Verteilung.

Nach dem Hochwasserereignis normalisiert sich der Gradient zwischen Retentionsraum und Entnahmebrunnen des Wasserwerks wieder, so dass auch der Flusswasseranteil in den Entnahmebrunnen wieder relativ schnell auf den Wert von vor dem Hochwasserereignis zurückgeht. Der Rückgang des Uferfiltratanteils findet normalerweise jedoch etwas langsamer statt als der Anstieg.

Im Nachgang des Hochwasserereignisses strömt den Entnahmebrunnen des Wasserwerks das während des Hochwasserereignisses im Einzugsgebiet des Wasserwerks infiltrierte Flusswasser zu, wie es bereits im vorangegangenen Kapitel 6.2.2 beschrieben wurde.

Die beschriebene Situation wird beispielhaft in Abbildung 6-6 dargestellt. Durch die zweifache Wirkung einer Retentionsraumflutung auf den Anteil von Flusswasser im geförderten Grundwasser ergeben sich in der Ganglinie der Flusswasseranteile aufgrund eines Hochwasserereignisses häufig zwei Maxima, eines direkt während der Flutung und eines Wochen bis Jahre nach der Flutung. Der Zeitpunkt des zweiten Maximums kann über die Auswertung der Abstandsgeschwindigkeiten zwischen dem Rand des Retentionsraums und den Entnahmebrunnen des Wasserwerks abgeschätzt werden. Zur Bestimmung der Höhe der zu erwartenden Flusswasseranteile ist in der Regel eine numerische Modellierung der Strömungsprozesse im Einzugsgebiet der Brunnen notwendig (Kapitel 6.4).

6.2.4 Schlussfolgerung und Diskussion

Es wurde gezeigt, dass für die Beschreibung des Systemverhaltens vor allem die Lage des Einzugsgebietes des Wasserwerks im Verhältnis zur Lage des Hochwasserretentionsraums entscheidend ist. Wenn das Einzugsgebiet und der Retentionsraum sich nicht überschneiden, so ist in den meisten Fällen davon auszugehen, dass eine Hochwasserflutung des Rückhalteraums nicht zu signifikanten Flusswasseranteilen im geförderten Grundwasser führt. Ausnahmen bestehen lediglich dort, wo die Entnahmebrunnen so nahe am Retentionsraum liegen, dass während der Flutung direkt Flusswasser in die Brunnen des Wasserwerks eindringen kann, oder dann, wenn durch eine außergewöhnlich hohe und lang andauernde Flutung Flusswasser während der Hochwasserphase bis weit in das Einzugsgebiet des Wasserwerks eindringen kann.

Wenn sich das Einzugsgebiet des Wasserwerks und der Hochwasserrückhalteraum überlagern, dann ist mit erhöhten Anteilen von Flusswasser in dem Entnahmebrunnen infolge einer Flutung des Rückhalteraums zu rechnen, da Flusswasser über den Retentionsraum in einen Bereich des Grundwasserleiters eindringt, der zum Einzugsbereich des Wasserwerks gehört. Das bei Hochwasser infiltrierte Wasser erreicht die Entnahmebrunnen des Wasserwerks jedoch nicht sofort, sondern je nach Abstand mit einer erheblichen Verzögerung, die Wochen bis Jahre betragen kann.

Wenn das Einzugsgebiet des Wasserwerks auch einen Abschnitt des Fließgewässers einschließt, so dass das geförderte Grundwasser schon bei mittleren hydrologischen Bedingungen einen gewissen Flusswasseranteil beinhaltet, dann ist während der Flutung des Retentionsraums mit einem zusätzlichen Anstieg des Flusswasseranteils zu rechnen. Begründet ist dieser Anstieg durch den erhöhten Gradienten zwischen Retentionsraum und Entnahmebrunnen. Dadurch ergeben sich insgesamt zwei Peaks der Flusswasseranteile in den Entnahmebrunnen, einer direkt zum Zeitpunkt der Flutung und ein zweiter mit zum Teil erheblicher Verzögerung. Durch unterschiedliche Entfernungen der Entnahmebrunnen zum Retentionsraum und aufgrund heterogener Untergrundverhältnisse ist es auch möglich, dass sich der zweite Peak je nach Standortgegebenheiten zeitlich stark streckt, so dass die Ganglinie insgesamt wie ein Peak mit sehr langem Nachlauf aussehen könnte.

Eine Möglichkeit zur Abschätzung der Größe des Einzugsgebietes wurde mit den Gleichungen (6.1) gegeben. Es muss jedoch angemerkt werden, dass die genaue Bestimmung des Einzugsgebietes eines Wasserwerks aufgrund der zu erwartenden Inhomogenitäten in einem Grundwasserleiter praktisch nicht immer möglich ist. Dementsprechend eingeschränkt ist eine sichere Prognose des Systemverhaltens im Grenzbereich.

Mit den vorliegenden Überlegungen lässt sich das grundsätzliche Systemverhalten beschreiben bzw. prognostizieren. Aufbauend auf Abschätzung der Abstandsgeschwindigkeiten im Grundwasserleiter kann im Einzelfall auch prognostiziert werden, mit welcher Verzögerung nach einem Hochwasserereignis erhöhte Flusswasseranteile in den Entnahmebrunnen zu erwarten sind. Um belastbare Aussagen zur Höhe der zu erwartenden Flusswasseranteile zu erzeugen, ist jedoch die Anwendung eines numerischen Grundwassermodells (Kapitel 6.4) notwendig.

Bisher wurde davon ausgegangen, dass die Flutung des Retentionsraums einmalig stattfindet. Bei wiederholten Flutungen des Retentionsraums können sich die Wirkungen der einzelnen Flutungen verstärken, indem beispielsweise die bei der ersten Flutung infiltrierte Wassermenge durch den erhöhten Gradienten der zweiten Flutung schneller zu den Wasserwerksbrunnen transportiert wird. Wiederholte Flutungen können auch dazu führen, dass die mit Verzögerung stattfindenden Anstiege des Flusswasseranteils in den Entnahmebrunnen ineinander verschmelzen, so dass sich ein dauerhaft erhöhtes Niveau des Flusswasseranteils in den Entnahmebrunnen ausbildet.

Eine weitere, bisher nicht betrachtete Wirkung eines Retentionsraums in der Nähe eines Wasserwerks ist, dass durch die Infiltration des Flusswassers in der Nähe der Entnahmebrunnen zum einen und durch die Erhöhung des Gradienten zum anderen die Verweilzeit des Flusswassers im Aquifer erheblich reduziert wird, bevor es an den Wasserwerksbrunnen gefördert wird. Dies könnte beispielsweise dazu führen, dass ein Schadstoff während des Transports im Grundwasserleiter nicht mehr vollständig oder zumindest in deutlich geringerem Umfang abgebaut werden kann. Dieser Schadstoff könnte aufgrund einer Flutung des Retentionsraums daher in den Entnahmebrunnen möglicherweise erstmals nachgewiesen werden oder zumindest prozentual deutlich stärker ansteigen als der Flusswasseranteil.

Die Schadstoffkonzentrationen in den Entnahmebrunnen werden folglich nicht allein vom Flusswasseranteil bestimmt, sondern maßgeblich auch von den Eigenschaften der Substanzen bezüglich mikrobiologischer oder chemischer Umsetzungen. Einige Substanzen neigen auch dazu, im Grundwasserleiter langsamer transportiert zu werden, als das Grundwasser strömt (Kapitel 2.2.2). Auch dieser Prozess kann ein maßgeblicher, nicht zu vernachlässigender Faktor sein, der die Schadstoffkonzentration in den Entnahmebrunnen im Vergleich zum Fließgewässeranteil vermindert.

Auch ohne Retardation oder Abbauprozesse kann davon ausgegangen werden, dass die an den Entnahmebrunnen gemessenen Konzentrationen von Schadstoffen gegenüber den im Fließgewässer zu messenden Konzentrationen deutlich geringer sind, da eine mehrfache Verdünnung stattfindet. Zum einen wird das Flusswasser bei der Infiltration in den Grundwasserleiter bzw. durch die beim nachfolgenden Transport stattfindende Dispersion mit dem im Grundwasserleiter bereits vorhandenen Wasser verdünnt. Eine weitere Verdünnung findet in den Entnahmebrunnen bzw. im Wasserwerk statt, da den Entnahmebrunnen immer auch Grundwasser aus der anderen Richtung zufließt und die Brunnen einer Brunnenlinie unterschiedliche Anteile an Flusswasser fördern.

6.3 Gewinnung und Interpretation von Messdaten

Um eine verlässliche Aussage bezüglich eines zukünftigen Systemzustandes, beispielsweise nach Inbetriebnahme eines Retentionsraums oder eines Wasserwerks, machen zu können, ist eine möglichst detaillierte Kenntnis des aktuell vorhandenen Zustandes unbedingt notwendig. Die Kenntnis des Ist-Zustandes ist die Grundvoraussetzung sowohl für einfache Abschätzungen auf Grundlage der in Kapitel 6.2 vorgestellten Betrachtungen als auch für umfangreiche numerische Modellierungen entsprechend den Ausführungen in Kapitel 6.4.

Weiterhin ist in der Regel ein Untersuchungsprogramm auch in einer bestehenden Situation des gleichzeitigen Betriebs eines Wasserwerks und eines Retentionsraums anzuraten. Dadurch können reale Systemzustände erfasst werden und das erzielte Systemverständnis kann fortwährend auf seine Richtigkeit überprüft werden.

6.3.1 Untersuchung der Aquifer-Eigenschaften

Die wesentlichen Eigenschaften des Grundwasserleiters, die die Grundwasserströmung bestimmen, sind seine Geometrie und seine hydraulische Durchlässigkeit. Im Fall von sich ändernden Grundwasserständen, beispielsweise in Folge eines Hochwassers, kommt die Speicherfähigkeit des Aquifers hinzu. Im Fall einer freien Grundwasseroberfläche entspricht sie der entwässerbaren Porosität. Für Transportbetrachtungen werden darüber hinaus auch die Parameter effektiver Porenraum und Dispersivität benötigt. Weiterhin können im Einzelfall auch die chemischen, mineralogischen oder mikrobiologischen Eigenschaften von Bedeutung sein, um Retardation oder Umsetzungsprozesse bestimmter Substanzen zu quantifizieren.

Die Unterscheidung zwischen einem freien Grundwasserleiter, bei dem die Grundwasseroberfläche gleich dem Grundwasserspiegel ist, und einem gespanntem Grundwasserleiter, bei dem der Grundwasserleiter durch eine undurchlässige Schicht nach oben begrenzt ist und der

Grundwasserdruckspiegel daher über der Grundwasseroberfläche liegt, muss ebenfalls getroffen werden.

Geometrie des Grundwasserleiters

Informationen zur Geometrie des Grundwasserleiters beinhalten Daten zur Mächtigkeit, also Lage der Sohle und Lage der oberen Grenze, sowie der seitliche Begrenzungen des Grundwasserleiters, soweit im Untersuchungsgebiet vorhanden. Weiterhin müssen Störungen in Lage und Charakteristik beschrieben werden. Falls mehrere Grundwasserleiter beteiligt sind, ist deren relative Anordnung zueinander zu erfassen, inklusive der nicht- oder geringleitenden dazwischen liegenden Schichten. Zonen mit unterschiedlichen Eigenschaften innerhalb eines Grundwasserleiters müssen ebenfalls beschrieben werden.

Die Geometrie des Grundwasserleiters kann erfasst werden, indem das Bohrgut bzw. die Bohrkerne von Bohrungen im Modellgebiet, beispielsweise im Zuge der Erstellung von Brunnen, Grundwassermessstellen oder Erdwärmesonden, ausgewertet werden. Ergänzend zur Auswertung von Bohrprofilen können geophysikalische Methoden, beispielsweise der Geoelektrik oder der Seismik, genutzt werden. Oft liegt bereits eine große Anzahl an Bohrprofilen oder sogar die daraus konstruierte Aquifergeometrie bei der zuständigen Landesbehörde vor.

Pumpversuche und Markierungsversuche

Die hydraulische Durchlässigkeit und die Speicherfähigkeit des Grundwasserleiters können mit Pumpversuchen bestimmt werden. Dabei wird durch die Entnahme von Grundwasser an einem Brunnen der Grundwasserspiegel in der Umgebung des Brunnens abgesenkt. Gleichzeitig wird der zeitliche Verlauf der Absenkung an einer oder besser mehreren Grundwassermessstellen in der Umgebung des Brunnens beobachtet und dokumentiert. Grundwasserstandsmessungen im Entnahmebrunnen selbst sind für die Auswertung von Pumpversuchen nicht geeignet, da sie in erster Linie vom Brunnenausbau und nicht vom umliegenden Grundwasserleiter bestimmt werden. Die Auswertung von Pumpversuchen wird beispielsweise ausführlich von KRUSEMANN & DE RITTER (1991) beschrieben.

Die für das Transportverhalten wichtigen Aquifer-Kennwerte Dispersivität und effektive Porosität können mittels eines Markierungsversuchs bestimmt werden. Hierfür wird ein Markierungsstoff an einer Stelle in den Grundwasserleiter eingegeben und der zeitliche Verlauf seiner Konzentration an einer anderen Stelle gemessen. Häufig eingesetzte Markierungsstoffe sind beispielsweise die Fluoreszenz-Farbstoffe Uranin, Eosin und Pyranin. Ein Markierungsversuch kann kombiniert mit einem Pumpversuch durchgeführt werden. Der Konzentrationsverlauf wird dann am Entnahmebrunnen gemessen. Die Anwendung und Auswertung von Markierungsversuchen kann beispielsweise bei KÄSS (1992) nachgelesen werden.

Die Auswertung der Beobachtungen von Pumpversuchen und Markierungsversuchen kann relativ komfortabel softwaregestützt erfolgen. Trotzdem ist dafür erhebliches geohydrologisches Wissen erforderlich. Planung, Durchführung und Auswertung von Pump- und Markierungsversuchen sollten daher immer von erfahrenen Fachleuten durchgeführt werden.

Die ermittelten Aquifer-Kennwerte gelten nur für den von den Versuchen betroffenen Bereich des Grundwasserleiters. Weiterhin ist zu beachten, dass sowohl die Grundwasserentnahme für den Pumpversuch als auch die Eingabe des Markierungsstoffes für den Markierungsversuch einen Eingriff in den Grundwasserleiter darstellen und daher von der unteren Wasserbehörde genehmigt werden müssen.

Auswertung von Korngrößen

Die Durchlässigkeit und Speicherfähigkeit eines porösen Grundwasserleiters kann auch aus Materialproben ermittelt werden. Die dafür zur Verfügung stehen Methoden sind jedoch ungenau und haben daher den Charakter einer groben Schätzung.

Im ersten Schritt wird die Korngrößenverteilung des Materials bestimmt. Aus dieser kann dann mit empirischen Formeln nach HAZEN (1893) oder BEYER (1964) die hydraulische Durchlässigkeit des Materials geschätzt werden. Es ist zu beachten, dass die so gewonnenen Daten nur an der Stelle der Bohrung selbst gelten und nicht ohne weiteres regionalisiert werden dürfen.

Die hydraulische Speicherfähigkeit kann mit einer empirischen Formel nach MAROTZ (1968) ausgehend von der hydraulischen Durchlässigkeit des Materials geschätzt werden.

6.3.2 Untersuchung der Grundwasserströmung

Grundlegend für die Untersuchung der Grundwasserströmung ist die regelmäßige Messung der Grundwasserstände an Grundwassermessstellen. Dabei sollten bei jeder Messkampagne alle relevanten Grundwassermessstellen des Untersuchungsgebietes innerhalb eines engen Zeitrahmens abgelesen werden, um den Grundwasserspiegel zu den Ablesezeitpunkten darstellen zu können.

Eine oft sehr aussagekräftige Methode zur Auswertung von Grundwasserständen ist die Erstellung von Grundwassergleichenplänen. In ihnen werden Linien gleicher Höhe des Grundwasserspiegels ähnlich wie die Höhenlinien einer topografischen Karte dargestellt. Da die Grundwasserströmung in einem porösen (, isotropen) Grundwasserleiter immer senkrecht zu den Grundwassergleichen verläuft, kann die Strömungsrichtung des Grundwassers aus Grundwassergleichenplänen gut herausgelesen werden. Über den Abstand der Grundwassergleichen zueinander kann weiterhin der Gradient des Grundwasserspiegels abgeschätzt werden. Der Vergleich mehrerer Grundwassergleichenpläne, die unterschiedliche hydrologische Situationen repräsentieren, beispielsweise eine Hochwasser-, eine Mittelwasser- und eine Niedrigwassersituation, kann einen guten Eindruck über das Verhalten des Gesamtsystems Grundwasserströmung vermitteln. Bei der Interpretation von Grundwassergleichenplänen verschiedener hydrologischer Situationen ist zu beachten, dass ausgeprägte Hoch- oder Niedrigwassersituationen in vielen Fällen nur selten und für einen kurzen Zeitraum vorkommen und daher die Gesamtsituation nur geringfügig beeinflussen.

Im Allgemeinen ist von einer automatischen Generierung von Grundwassergleichenplänen durch Computerprogramme abzuraten, da dabei wichtige hydrologische Randbedingungen wie Oberflächengewässer oder Grundwasserentnahmen im Untersuchungsgebiet meist nicht richtig berücksichtigt werden. Grundwassergleichenpläne müssen immer unter der Berücksichtigung der geohydrologischen Gebietskenntnis und daher von einem Fachmann erstellt werden.

Die Erstellung von Ganglinien des Grundwasserspiegels an ausgewählten Messstellen und die Darstellung des Grundwasserspiegels in geohydrologischen Schnitten stellen oft eine sinnvolle Ergänzung der Auswertung dar.

Bei der Auswertung von Grundwasserstandsmessungen ist zu beachten, dass die Messwerte oft fehlerbehaftet sind. Einfache Ablesefehler bei der Messung oder Übertragungsfehler lassen sich oft noch relativ leicht als Ausreißer in der Grundwasserstandsganglinie erkennen, insbesondere bei gleichzeitiger Betrachtung der Ganglinien benachbarter Messstellen. Fehlerhaft eingemessene Referenzpunkte der Messstellen sind schwieriger zu identifizieren, da sie die resultierende Ganglinie der Grundwasserstände als Ganzes in der Höhe verschieben. Aufgrund des verhältnismäßig flachen Gradienten des Grundwasserspiegels haben schon Fehlerdifferenzen von wenigen Zentimetern gravierende Auswirkungen auf die Auswertungen. Andererseits soll auch angemerkt werden, dass nicht alle unpassenden Werte auf Fehler zurückzuführen sind, sondern oft von lokalen Besonderheiten, beispielsweise einer unbekannten nahen Grundwasserentnahme, verursacht sind.

6.3.3 Untersuchung der Grundwasserbeschaffenheit

Durch die Analyse der Grundwasserbeschaffenheit kann festgestellt werden, welche Substanzen sich tatsächlich im Grundwasserleiter befinden und bei entsprechend gegebener Grundwasserströmung die Entnahmebrunnen des Wasserwerks möglicherweise erreichen könnten. Durch veränderte Randbedingungen (z. B. durch Flutung eines Retentionsraums) kann sich die Beschaffenheit des Grundwassers unter Umständen jedoch relativ rasch ändern.

Die Untersuchung der Grundwasserbeschaffenheit bietet die Möglichkeit, Erkenntnisse zur integrativen Wirkung der unterschiedlichen Strömungssituationen in der Vergangenheit zu erzielen. Während Grundwasserstandsmessungen und deren Auswertungen nur Momentaufnahmen der Grundwasserströmung erlauben, ist die Grundwasserbeschaffenheit das Ergebnis der Gesamtheit der zurückliegenden Ereignisse im Grundwasserleiter. Daher ist eine möglichst genaue Kenntnis der Beschaffenheit vorhandener Quellen, die zum Grundwasservorkommen beitragen, notwendig. Besonders die Identifizierung von Substanzen, die sich in ihrer Konzentration während des Transports im Grundwasser nicht oder nur wenig ändern, ist von großer Bedeutung. Isotopenhydrologische Untersuchungen sind in diesem Zusammenhang oft geeignete Instrumente. Durch Mischungsrechnungen ist es dann möglich zu bestimmen, wie viele Anteile welcher Quelle, beispielsweise von infiltriertem Flusswasser, das Grundwasser am Ort der Probenahme besitzt. Daraus können dann wieder Rückschlüsse auf die vergangene Strömungssituation gezogen werden.

Die umfassende Bewertung der Grundwasserbeschaffenheit erlaubt, neben der Bestandsaufnahme und Differenzierung der Anteile an der Herkunft des Grundwassers, auch eine Zuordnung auffälliger Verbindungen über weitergehende Kenntnisse (Verursachersituation, Anwendungsmöglichkeiten, Daten des beeinflussenden Fließgewässers) zu potentiellen Schadstoffquellen. Es besteht somit grundsätzlich die Möglichkeit, diese bereits vorab zu bewerten und ggf. das Risiko mindernde Maßnahmen im Einflussbereich des betrachteten Gebietes anzuregen.

Die Bestandsaufnahme im Grundwasserleiter ist längerfristig anzulegen und auf zwei Komponenten aufzubauen. Die erste ist hierbei die Beobachtung der langfristigen Veränderung der Beschaffenheit des Grundwassers, die Probenahmen in größeren Zeitabständen erfordert. Die festgestellte Belastung spiegelt hierbei – wie oben beschrieben – summarisch die vorangegangenen Ereignisse wieder. Um den Einfluss eines Hochwassers sicher einschätzen zu können, sind – trotz aller Möglichkeiten aus Bodenerkundung und Modellierung – Untersuchungen in und nach Hochwassersituationen unumgänglich. Nur so kann zum einen die Modellierung auf ihre Zuverlässigkeit hin überprüft und zum anderen Schwachstellen im realen System (z. B. Gebiete mit Anbindung bei Hochwasser oder „Kurzschlüsse" mit raschem Schadstoffeintrag in den Aquifer wie Altgewässerverläufe oder Senken) sicher aufgedeckt werden.

Bezüglich der Probenahmemethode sind u. U. die örtlich geltenden Vorschriften, wie sie evtl. im Rahmen von Maßnahmen zur Qualitätssicherung erarbeitet wurden, einzuhalten (z. B.: LUBW 1999). Eine einmal gewählte Entnahmemethode ist beizubehalten, um die Vergleichbarkeit der Ergebnisse zu gewährleisten, Veränderungen an Anlage (z. B. Brunnenreinigung) und umgebendem Gelände (insbesondere bauliche Maßnahmen mit Einfluss auf Bodenstruktur) sind zu dokumentieren. Beim Einsatz von Spurenanalytik und Bioanalytik ist besonderes Augenmerk auf die Materialauswahl von Probenahmegerät und Probenbehältnissen zu legen. Es ist sicherzustellen, dass hierdurch kein nachteiliger Einfluss auf die Ergebnisse der chemischen Analysen oder der Biotests erfolgt.

Weiterhin ist zu beachten, dass bei Betrachtung weniger Leitsubstanzen die Reichweite des Eintrags im Aquifer unterschätzt werden kann. Je nach Stoffeigenschaften werden Substanzen im Grundwasser/Aquifer unterschiedlich schnell und unterschiedlich weit transportiert. Die eingesetzten Analyseverfahren müssen diese Aspekte berücksichtigen, die chemisch analysierten Substanzen entsprechend sorgsam ausgewählt werden. Um eine umfassende Bewertung der Grundwasserbelastung zu ermöglichen, sollte neben der chemischen Analytik auch Bioanalytik und ggf. Effekt-dirigierte Fraktionierung angewandt werden. Auch hier ist zu beachten, dass die chemische Analytik auf wenige Stoffe beschränkt ist, die allerdings oft nicht die (einzigen) effektverursachenden Substanzen in einer komplexen Probe darstellen. Hingegen können Biotests die Summe der biologischen Wirksamkeit aller in der Probe enthaltenen Schadstoffe integrieren und erlauben dadurch die Bewertung des gesamten Wirk- und Schädigungspotentials. Geeignete Analysemethoden wurden in Kapitel 3.4 vorgestellt.

6.4 Berechnungen mittels Aquifersimulation

Die Kenntnis der Kenngrößen und des Systemverhaltens des Grundwasserleiters im Untersuchungsgebiet erlaubt unter Berücksichtigung der grundsätzlichen in Kapitel 6.2 beschriebenen Überlegungen eine erste qualitative Abschätzung darüber, ob und wie die Grundwasserbeschaffenheit an den Entnahmebrunnen eines Wasserwerks durch einen Hochwasserrückhalteraum beeinflusst werden könnte. Um quantitative Aussagen zu generieren, ist die Simulation des Grundwasserleiters unter Verwendung eines detaillierten numerischen Grundwassermodells notwendig.

6.4.1 Anforderungen an das Grundwassermodell

Ein numerisches Grundwassermodell zur realitätsnahen Berechnung von Strömung und Stofftransport zwischen einem Wasserwerk und einem Retentionsraum muss in der Regel hohen Anforderungen genügen, da es nicht nur prinzipielle Verhaltensweisen erklären, sondern auch verlässliche quantitative Ergebnisse liefern soll. Hierzu müssen die Abläufe im Grundwasserleiter in wesentlichen Bereichen realitätsnah simuliert werden. Bei einem solchen Modellansatz mit sehr hoher Abbildungsgüte spricht man von einem Aquifersimulator. Die grundsätzlichen Anforderungen an einen Aquifersimulator werden beispielsweise im DVGW-Arbeitsblatt W107 (2004) beschrieben. Die besonderen Anforderungen für die vorliegende Aufgabenstellung werden nachfolgend erläutert.

Da es sich bei der Flutung eines Retentionsraums und den nachfolgenden Prozessen im Grundwasserleiter um einen hochgradig instationären Vorgang handelt, muss auch ein instationärer Modellansatz gewählt werden. Der Modellzeitraum sollte dabei möglichst groß gewählt werden. Dadurch können auch die langfristigen Transportprozesse, wie sie entsprechend den in Kapitel 6.2 dargestellten Überlegungen zwischen Retentionsraum und Entnahmebrunnen auftreten, simuliert werden. Als positiver Nebeneffekt werden infolge des großen Modellzeitraums unterschiedliche hydrologische Bedingungen durch das Modell abgebildet, wodurch die Kalibrierung des Modells eine höhere Güte erreicht.

Durch die zu berechnenden Hochwasserereignisse und Flutungen des Retentionsraums sind mit dem Modell verhältnismäßig schnelle und kräftige Änderungen der hydrologischen Randbedingungen zu simulieren. Dadurch wird eine feine zeitliche Diskretisierung, z.T. in Zeitschritten von weniger als einer Stunde, notwendig.

Um die hydrogeologische Struktur des Grundwasserleiters im Modell abzubilden und um den Retentionsraum im Modell abzubilden, kann die Verwendung eines 3-dimensionalen Modellansatzes notwendig sein (Kapitel 6.4.2).

Damit die Strömung zwischen Wasserwerk und Retentionsraum mit hoher Sicherheit prognostiziert werden kann, ist es meist notwendig, dass das gesamte Einzugsgebiet des betreffenden Wasserwerks im Modell enthalten ist, da sonst die Strömung zwischen Retentionsraum und Wasserwerk unter geänderten hydrologischen Bedingungen leicht über- oder unterschätzt wird. Die Ränder des Modells müssen dabei weit außerhalb der Einzugsgebietsgrenzen liegen, um die Lage des Einzugsgebietes nicht zu beeinflussen.

Um Aussagen zu Fließgewässeranteilen in den Entnahmebrunnen des Wasserwerks generieren zu können, müssen mit dem Grundwassermodell auch Stofftransportberechnungen durchgeführt werden. Vor diesem Hintergrund muss eine feine Diskretisierung gewählt werden, damit das Peclet-Kriterium eingehalten werden kann. Dies bedeutet, dass das Produkt aus Abstandsgeschwindigkeit und Zellenlänge nicht mehr als doppelt so groß wie die Dispersivität sein soll, um die numerische Dispersion zu minimieren und die numerische Stabilität zu gewährleisten. Diese Vorgabe kann auf die Bereiche des Modells beschränkt werden, in denen tatsächlich Stofftransport stattfindet, wo also Uferfiltrat im Grundwasserleiter auftreten wird.

Zusammenfassend ist für die angestrebten Berechnungen folglich ein instationäres, oft 3-dimensionales numerisches Modell mit einem großen Modellgebiet und einem großen Modellzeitraum bei gleichzeitig feiner räumlicher und zeitlicher Diskretisierung notwendig. Dadurch wiederum ergeben sich hohe Anforderungen an die Rechenleistung und Speicherkapazität der verwendeten Hardware sowie ein hoher Zeitbedarf für jeden durchzuführenden Rechenlauf.

6.4.2 Aufbau des Grundwassermodells

Der Aufbau eines Grundwassermodells kann je nach Aufgabenstellung sehr aufwendig sein. Nachfolgend soll ein kurzer Abriss über die zu berücksichtigenden Schritte gegeben werden:

1) Genaue Definition der Aufgabenstellung und damit des Modellzwecks,
2) Auswahl des Modellierungskonzeptes (Modellgebiet, Modellzeitraum, Methode der Diskretisierung),
3) Entwicklung des geohydrologischen Modells (Beschaffung und Regionalisierung der relevanten Daten zur Hydrologie des Untersuchungsgebietes und zum hydrogeologischen Aufbau des Untergrundes),
4) Entwicklung des numerischen Strömungsmodells
    o Diskretisierung des Modellgebietes und Modellzeitraums,
    o Eingabe des geohydrologischen Modells in das numerische Modell als Parameter und Randbedingungen,
    o Kalibrierung des Modells,
    o Validierung des Modells,
    o Entwicklung der zu berechnenden Szenarien
5) Entwicklung des numerischen Stofftransportmodells (analog zum Strömungsmodell)

Die Entwicklung des numerischen Grundwassermodells zur Stofftransportberechnung zwischen Retentionsraum und Wasserwerk kann Besonderheiten bei der Einbindung der Fließgewässer in das Grundwassermodell und bei der Kalibrierung des Grundwasserströmungsmodells aufweisen. Weiterhin ist der Retentionsraum im Modell vorzugeben. Die drei angesprochenen Aufgaben sollen daher nachfolgend diskutiert werden.

Einbindung von Fließgewässern

Bei der Einbindung von Fließgewässern in das numerische Grundwassermodell ist zunächst zu unterscheiden, ob eine einfache Kopplung gewählt werden kann, oder ob eine rückgekoppelte Verbindung geschaffen werden muss.

Eine **einfache Kopplung** bedeutet, dass die im Modell berechneten Grundwasserstände die Wasserstände im Fließgewässer nicht beeinflussen können, obwohl dies aufgrund der Austauschvorgänge zwischen Fließgewässer und Grundwasser real der Fall ist. Diese Vereinfachung darf überall dort getroffen werden, wo die Austauschraten zwischen Fließgewässer und Grundwasser im Verhältnis zu den Durchflussraten des Fließgewässers gering sind. Da in diesem Fall der Durchfluss im Fließgewässer sich auch bei ungünstigen Bedingungen nicht signifikant ändert, ist auch keine wesentliche Änderung des Wasserspiegels im Fließgewässer zu erwarten. Bei größeren Fließgewässern darf diese Annahme meist getroffen werden. Weiterhin darf diese Vereinfachung überall dort getroffen werden, wo die Grundwasserstände sich in Szenarien- und Prognoseläufen nicht wesentlich ändern, da auch dadurch keine signifikante Änderung im Fließgewässerspiegel zu erwarten ist. Wenn die einfache Kopplung gewählt werden darf, kann das Fließgewässer unter Vorgabe seiner Wasserstände als Mittelwert (stationär) oder besser als Ganglinie (instationär) in Form einer Cauchy-Randbedingung, im Einzelfall auch in Form einer Dirichlet-Randbedingung, ins Grundwassermodell eingegeben werden.

Eine **rückgekoppelte Verbindung** zwischen Fließgewässer und Grundwasser muss im Grundwassermodell immer dann gewählt werden, wenn in Szenarienberechnungen Grundwasserstände berechnet werden sollen, die einen signifikanten Einfluss auf die Wasserstände im Fließgewässer haben. Dies trifft insbesondere auf Abzugsgräben direkt außerhalb des Retentionsraums zu, falls mit dem Modell bisher nicht beobachtete Flutungen des Retentionsraums simuliert werden sollen. Die Flutungen haben eine erhebliche Änderung der Grundwasserstände zur Folge, die wiederum den Abfluss und die Wasserstände in den Abzugsgräben signifikant beeinflussen.

Um eine rückgekoppelte Verbindung zu schaffen, muss für das entsprechende Fließgewässer ein hydrodynamisches numerisches Modell aufgebaut werden. Die Rückkopplung wird dann meist so realisiert, dass mit dem numerischen Grundwassermodell neben den Grundwasserständen auch die Austauschraten zwischen Grundwasser und Oberflächengewässer in Abhängigkeit der Grund- und Oberflächenwasserstände berechnet werden. Die Austauschraten werden dann an ein hydrodynamisches numerisches Fließgewässermodell übergeben, das auf deren Basis die Wasserstände und Fließgeschwindigkeiten im Fließgewässer berechnet. Die berechneten Wasserstände werden anschließend wieder an das Grundwassermodell übergeben, so dass ein neuer Zeitschritt berechnet werden kann. In einigen Fällen könnten mehrere Iterationen zwischen Grundwassermodell und Fließgewässermodell notwendig sein, bevor ein neuer Zeitschritt berechnet werden darf, oder mehrere Zeitschritte des Fließgewässermodells, bevor wieder Wasserstände an das Grundwassermodell übergeben werden.

Mit dieser Methode können häufig gute Ergebnisse erzielt werden. Der Aufwand zur Programmierung der Kopplung der beiden numerischen Modelle ist jedoch erheblich. Falls auf eine kommerziell erhältliche Lösung zur Kopplung von Grundwassermodell und Fließgewässermodell zurückgegriffen wird, entfällt zwar der Programmieraufwand, die finanziell notwendigen Aufwendungen hierfür sind jedoch ebenfalls erheblich. Ein weiterer Nachteil dieser Methode ist der große Rechenzeitbedarf, da zusätzlich zu den Grundwasserständen auch die Wasserstände im Fließgewässer zur Laufzeit berechnet werden müssen.

In besonders einfach strukturierten Fällen, und wenn stationäre Berechnungen des Fließgewässers ausreichen, sollte geprüft werden, ob eine Methode der Rückkopplung verwendet werden kann, bei der die Fließgewässerstände nicht zur Laufzeit des Grundwassermodells berechnet werden, sondern näherungsweise bereits vorher berechnet wurden. Während der Berechnung des Grundwassermodells muss dann nur noch zu jedem Zeitschritt ein passender Fließgewässerzustand ausgewählt und die entsprechenden Fließgewässerstände über gegebenenfalls mehrstufige Interpolation in das Grundwassermodell eingegeben werden. Die verwendete Software zur Grundwassermodellierung muss für diese Methode natürlich über eine Schnittstelle für zusätzliche Programmierungen verfügen.

Im Fall von einfach gestalteten Abzugsgräben außerhalb eines Retentionsraums, die nur während der Flutung des Retentionsraums Wasser führen, können die Wasserstände beispielsweise in Abhängigkeit der beiden Parameter Gesamtdurchfluss und räumliche Verteilung des Durchflusses berechnet und in einer zweidimensionalen Matrix abgespeichert werden. Der Gesamtdurchfluss beschreibt dabei die insgesamt in den Graben infiltrierende Wassermenge. Mit der räumlichen Verteilung wird beschrieben, welcher prozentuale Anteil von der Gesamtmenge in der oberen Hälfte und welcher in der unteren Hälfte des Längsprofils in den Graben infiltriert. Die vorgenommene Näherung besteht folglich darin, dass innerhalb der beiden Hälften jeweils eine gleichförmige Infiltration angenommen wird. Zu jedem Zeitschritt können die beiden verwendeten Parameter verhältnismäßig einfach aus den Daten des Grundwassermodells berechnet werden. Mit einer bilinearen Interpolation wird dann der passende Fließgewässerstand aus der zweidimensionalen Matrix erzeugt und über eine lineare Interpolation auf die Knoten des Grundwassermodells übertragen. Wenn zur Berechnung der Wasserstände im Fließgewässer beispielsweise die kostenfrei erhältliche Software HEC-RAS des US Army Corps of Engineers verwendet wird, so kann folglich mit überschaubarem Aufwand und ohne zusätzliche Kosten eine Rückkopplung zwischen einem Grundwassermodell und einem vereinfachten Fließgewässermodell geschaffen werden (KÜHLERS & MAIER 2009).

Vorgabe des Retentionsraums

Zur Simulation der Auswirkungen der Überflutung eines Retentionsraums auf das nahe Grundwasser stehen zwei prinzipiell unterschiedliche Methoden zur Verfügung. Zum einen kann der Retentionsraum als **hochdurchlässige Schicht** über der Geländeoberkante simuliert werden. Solange der Wasserstand des nahen Fließgewässers und damit auch der Grundwasserstand unterhalb der Geländeoberkante bleiben, wird die Schicht bei der Berechnung der Grundwasserstände nicht berücksichtigt. Sobald der Wasserstand im Fließgewässer jedoch über die Geländeoberkante ansteigt, tritt Wasser aus der entsprechenden Randbedingung in die hochdurchlässige Schicht ein. Durch die hohe Durchlässigkeit kann sehr schnell sehr viel Wasser in dieser Schicht umgesetzt werden, wodurch sich schnell ein nahezu horizontaler Wasserspiegel einstellt. Durch Anpassung der hydraulischen Durchlässigkeit in der Schicht direkt unterhalb der Geländeoberkante kann die Deckschicht bzw. Bodenzone näherungsweise simuliert werden.

Der wesentliche Vorteil dieser Methode ist der geringe Aufwand in ihrer Umsetzung. Sie ist jedoch gleichzeitig mit wesentlichen Nachteilen behaftet. So bleibt bei geringen Überflutungshöhen bzw. am Anfang der Flutung des Retentionsraums die Transmissivität in der oberen Schicht trotz deren hohen Durchlässigkeiten verhältnismäßig gering, so dass sich im Modell ein deutlicher Gradient im Retentionsraum einstellt, der so in der Realität nicht zu beobachten ist. Zweitens kann die numerische Stabilität aufgrund der hohen hydraulischen Durchlässigkeit und damit der hohen auftretenden Abstandsgeschwindigkeiten insbesondere bei Stofftransportsimulationen erheblich beeinträchtigt werden. Insgesamt hat sich diese Methode daher nur bedingt bewährt.

Die zweite Möglichkeit, einen Retentionsraum in ein Grundwassermodell zu integrieren, ist durch die **Verwendung einer Randbedingung**. Diese Randbedingung wird auf der gesamten Fläche des Retentionsraums vorgegeben und simuliert damit den Wasserzufluss in den Grundwasserleiter bei Flutung des Retentionsraums. Bei Verwendung einer Cauchy-Randbedingung werden der zeitliche Verlauf des Wasserspiegels im Retentionsraum sowie die Durchlässigkeit der Bodenschicht für jeden Knoten im Retentionsraum vorgegeben.

Mit dieser Methode können im Allgemeinen gute Ergebnisse erzielt werden (KÜHLERS & MAIER 2009). Ihre praktische Umsetzung kann jedoch aufwendig sein, da die Wasserstände im Retentionsraum zeitlich und räumlich differenziert vorgegeben werden müssen. Weiterhin muss sichergestellt sein, dass die vorgegebene Randbedingung nur während der Flutung des Retentionsraums aktiv ist.

Kalibrierung des numerischen Grundwasserströmungsmodells

Beim Aufbau eines numerischen Strömungsmodells ist häufig insbesondere die Datenlage zur hydraulischen Durchlässigkeit des Untergrundes und zur hydraulischen Durchlässigkeit der Fließgewässersohlen unzureichend, so dass die mit dem Modell berechneten Grundwasserstände zunächst nicht mit den tatsächlich gemessenen Grundwasserständen übereinstimmen. Daher wird das Modell an den gemessenen Grundwasserständen kalibriert, in dem die unbekannten Parameter des Modells innerhalb plausibler Grenzen variiert werden, bis die berechneten Grundwasserstände mit den gemessenen Grundwasserständen übereinstimmen. Für diesen Vorgang können mehrere Dutzend Simulationsläufe notwendig sein.

Aufgrund der in Kapitel 6.4.1 beschriebenen außergewöhnlich hohen Anforderungen an das zu entwickelnde Modell können jedoch die Rechenzeiten für jeden Simulationslauf sehr hoch sein (bis zu mehreren Tagen pro Lauf), so dass die Kalibrierung des Modells in einem angemessenen Zeitraum nicht durchgeführt werden kann.

Um das Grundwasserströmungsmodell dennoch zu kalibrieren, muss das Modellgebiet ein zweites Mal diskretisiert werden. Dabei wird eine grobe Diskretisierung mit verhältnismäßig großen Zellgrößen gewählt. Die Randbedingungen und sonstigen Parameter werden ohne Änderungen aus dem ursprünglichen Modell übernommen. Ebenso muss der dreidimensionale Aufbau erhalten bleiben. Die Nachteile dieses vereinfachten Modells sind meist numerische Instabilitäten und die fehlende Möglichkeit zu Stofftransportberechnungen. Demgegenüber steht der Vorteil einer verhältnismäßig geringen Rechenlaufzeit. Zur weiteren Reduzierung der Rechenlaufzeit kann zum Teil zusätzlich ein kürzerer Modellzeitraum gewählt werden. Bevor das vereinfachte Modell eingesetzt werden darf, muss überprüft werden, ob mit beiden Modellen vergleichbare Grundwasserstände berechnet werden (KÜHLERS & MAIER 2009).

Das vereinfachte Modell kann aufgrund der kürzeren Rechenlaufzeiten in einem angemessenen Zeitraum kalibriert werden. Nach Abschluss der Kalibrierung werden die dabei angepassten Parameter wieder auf das ursprüngliche, feiner diskretisierte Modell übertragen. Zur Validierung muss in einem abschließenden Rechenlauf des nun kalibrierten, fein diskretisierten Modells gezeigt werden, dass seine berechneten Grundwasserstände mit den tatsächlich gemessenen Grundwasserständen übereinstimmen.

Es ist zu beachten, dass es zur Kalibrierung eines prognosefähigen Grundwassermodells nicht ausreicht, lediglich die berechneten und gemessenen Grundwasserstände zu vergleichen, da sonst mit verschiedenen Parametersätzen gleiche Ergebnisse erzielt werden können. Stattdessen muss mindestens ein wesentlicher Volumenstrom im Modell bekannt sein. Dies kann beispielsweise eine dokumentierte Entnahme bei einem großen Pumpversuch oder besser an einem Wasserwerk sein. Es ist dann darauf zu achten, dass das Modell die aufgrund der Entnahme erzeugte Absenkung gut abbildet. Alternativ könnte beispielsweise auch die dokumentierte Infiltration von Grundwasser in ein Fließgewässer, die durch Abflussmessungen bestimmt wurde, verwendet werden.

Transportberechnungen mit dem Grundwassermodell

Um die aus dem Fließgewässer oder dem Retentionsraum stammenden Anteile am geförderten Grundwasser ermitteln zu können, müssen Stofftransportberechnungen durchgeführt werden. Hierfür wird im Modell das Fließgewässer mit einer Substanz markiert, die weder Abbau noch Retardation aufweist, sondern konservativ im Grundwasserstrom transportiert wird. Zur Markierung kann in der Regel eine Dirichlet-Randbedingung verwendet werden. Wenn als Konzentration der Randbedingung der Wert 100 gewählt wird, so entspricht die im Modell am Entnahmebrunnen ermittelte Konzentration direkt dem prozentualen Fließgewässeranteil.

Wenn zur Simulation des Retentionsraums eine hochdurchlässige Schicht verwendet wird, dann muss der Retentionsraum nicht zusätzlich markiert werden, da das sich in ihm befindende Wasser aus dem Fließgewässer stammt und bereits dort markiert wurde.

Wenn eine Randbedingung zur Simulation des Retentionsraums verwendet wird, dann kann zur Markierung des aus dem Retentionsraum stammenden Wassers prinzipiell genauso verfahren werden wie beim Fließgewässer. Es ist aber wie auch bei der hydrologischen Randbedingung darauf zu achten, dass die Transportrandbedingung nur während der Flutung des Retentionsraums wirksam ist. Weiterhin ist zu beachten, dass mit einer Dirichlet-Transportrandbedingung nicht das aus dem Retentionsraum zuströmende Wasser markiert wird, sondern das sich an dem jeweiligen Knoten bzw. in den an den Knoten angrenzenden Zellen befindende Wasser. Um den dabei entstehenden Fehler nicht zu groß werden zu lassen, muss ein 3-D-Modellansatz gewählt werden und die unter den markierten Knoten des Retentionsraums liegende Schicht sollte nur eine geringe Mächtigkeit aufweisen.

Zur Berechnung des Transports einer konkreten im Fließgewässer vorhandenen Substanz kann wie oben beschrieben vorgegangen werden. Statt einer Ausgangskonzentration von 100 wird aber die gemessene bzw. angenommene Konzentration der Substanz im Fließgewässer eingesetzt. Ebenso werden die jeweiligen Parameter für Retardation und Abbau dieser Substanz in das Modell integriert.

7 Gefährdung der Trinkwassergewinnung durch einen Retentionsraum

7.1 Zusammenfassung

Vor einer Untersuchung des Transportpfades von der fließenden Welle bis in die Entnahmebrunnen eines Wasserwerks sollten die im Fließgewässer vorkommenden Schadstoffe identifiziert und nach Möglichkeit auch in ihren Konzentrationen für verschiedene hydraulische Situationen erfasst und mit ihren Stoffeigenschaften charakterisiert werden. Der **Schadstoffeintrag in den Retentionsraum (1. Barriere)** kann in gelöster oder schwebstoffgebundener Form erfolgen. Während die beteiligten Prozesse meist keine Wirkung auf die Konzentrationen gelöster Schadstoffe haben, werden die Konzentrationen der schwebstoffgebundenen Schadstoffe in der Regel beim Eintrag in den Retentionsraum und der dort stattfindenden Sedimentation maßgeblich verändert. Als praxistaugliches Simulationswerkzeug können diesbezüglich prozessorientierte empirische Gleichungen eingesetzt werden: Die hybride Kopplung dieser Gleichungen mit herkömmlichen zweidimensionalen hydrodynamisch-numerischen Modellen ermöglicht eine Prognose des Rückhalts schwebstoffgebundener Schadstoffe im Retentionsraum.

Ein **Schadstoffeintrag in die Bodenzone (2. Barriere)** erfolgt für Schadstoffe, die sich in Lösung befinden, mit dem infiltrierenden Flutungswasser. Darüber hinaus werden insbesondere Schadstoffe mit einer hohen Sorptivität über die abgelagerten Flutungssedimente in die Deckschicht des Retentionsraums eingetragen. Die Schadstoffverlagerung über die Deckschicht in den Aquifer wird sowohl durch die Bodeneigenschaften als auch durch die hydraulischen Eigenschaften des Flutungsereignisses und die Schadstoffeigenschaften bestimmt. Aufgrund der räumlichen Variabilität der Bodeneigenschaften und der hydraulischen Bedingungen im Retentionsraum erfolgt die Schadstoffverlagerung in einzelnen Teilbereichen in unterschiedlichem Umfang. Die höchsten Sickerwasserraten können durch die hohen hydraulischen Gradienten zwischen Oberflächenwasser und Grundwasser auf tief liegenden Bereichen entlang des landseitigen Deiches auftreten. Beim Schadstofftransport in diesen Teilbereichen kann die Tiefenverlagerung über präferentielle Fließwege (Makroporen) eine maßgebliche Rolle spielen.

Hinsichtlich des **Stofftransports im Grundwasser (3. Barriere)** ist eine Gefährdung der Trinkwassergewinnung durch einen Retentionsraum nur gegeben, wenn das Einzugsgebiet des Wasserwerks einen Teil des Retentionsraums beinhaltet, oder wenn die Entnahmebrunnen sich praktisch direkt angrenzend zum Retentionsraum befinden. Es ist davon auszugehen, dass die Schadstoffkonzentrationen im Wasserwerk immer deutlich geringer sind als im nahen Fließgewässer, da im Grundwasser immer eine starke Verdünnung der Schadstoffe stattfindet. Je nach

Substanz kann zusätzlich Retardation und mikrobiologischer oder chemischer Abbau während des Transports im Grundwasser stattfinden.

Die Gesamtwirkung aller drei Barrieren ist wesentlich von den Eigenschaften der betrachteten Substanz abhängig. Dabei ist vor allem zu beachten, wie gut die Substanz mikrobiologisch (oder chemisch) abgebaut werden kann, und wie hoch ihr Bestreben ist, an Feststoffe zu adsorbieren.

Substanzen mit einem hohen Bestreben, an Feststoffe zu adsorbieren, die dementsprechend im Wesentlichen **schwebstoffgebunden** transportiert werden, können im Allgemeinen nur die erste Barriere, also den Eintrag in den Retentionsraum, überwinden. In der Bodenzone (zweite Barriere) werden sie dann in der Regel dauerhaft zurückgehalten. Sollten durch ungünstige Randbedingungen doch geringe Konzentrationen in den Grundwasserleiter (dritte Barriere) gelangen können, werden sie auch dort zurückgehalten. Es ist jedoch zu beachten, dass die schwebstoffgebundenen Substanzen an bestimmten Stellen im Retentionsraum akkumuliert werden können. Wenn sie dann beispielsweise durch veränderte Randbedingungen wie pH- oder Redox-Verhältnisse in Lösung gehen oder gut lösliche Metaboliten bilden, könnten sie im Boden nach unten verlagert werden und sogar die nachfolgenden Barrieren überwinden und somit eine Gefährdung für die Trinkwasserversorgung darstellen.

Gut **lösliche** Substanzen können dagegen prinzipiell alle drei Barrieren passieren. Es ist jedoch zu berücksichtigen, dass die Substanzen sowohl in der Bodenzone als auch im Grundwasserleiter je nach Randbedingungen sehr lange Aufenthaltszeiten haben können, insbesondere wenn sie sorptive Eigenschaften aufweisen und sich dadurch an Partikeloberflächen anlagern können. Infolgedessen sind signifikante Konzentrationen hinter den Barrieren nur zu erwarten, wenn die Substanzen nicht oder nur sehr langsam mikrobiologisch (oder chemisch) abgebaut werden.

Zusätzlich zur Retardation und zum Abbau kommt im Grundwasserleiter noch hinzu, dass die Substanzen die Entnahmebrunnen des Wasserwerks nur bei einer entsprechend günstigen bzw. ungünstigen Grundwasserströmung erreichen können. Durch den Stofftransport zu den Entnahmebrunnen im Grundwasser werden Verunreinigungen in der Regel erheblich verdünnt, so dass auch die Konzentration von Substanzen reduziert wird, die als ideale Markierungsstoffe agieren, also auf dem Transportpfad weder zurückgehalten noch abgebaut werden.

7.2 Bewertung des Gesamtrisikos

Bei der Bewertung des Gesamtrisikos muss die Frage beantwortet werden, wie viele funktionsfähige Barrieren benötigt werden, um eine Gefährdung der Trinkwasserversorgung ausschließen zu können.

Theoretisch reicht eine funktionsfähige Barriere, die von den im Fließgewässer vorhandenen Schadstoffen nicht überwunden werden kann, um eine unbeeinflusste Trinkwasserversorgung zu gewährleisten. Es entspricht jedoch im Allgemeinen nicht dem Sicherheitsprinzip der Trinkwasserversorgung, sich auf nur eine funktionierende Barriere zu verlassen. Die praktische Erfahrung zeigt, dass beispielsweise durch Unfälle, neu analysierbare Substanzen mit ungünstigen Stoffeigenschaften oder durch unzureichende Kenntnis der Natur eine bisher als gesichert funktionsfähig geglaubte Barriere nur eingeschränkt wirksam ist. Daher wird in der Trinkwasserversorgung wo immer möglich angestrebt, mehr als eine funktionierende Barriere zur Verfügung zu haben.

Bei schwebstoffgebundenen Schadstoffen zum Beispiel würde theoretisch die Barriere Bodenzone ausreichen, um die Schadstoffe sicher zurückzuhalten. Es kann jedoch nicht mit letzter Sicherheit ausgeschlossen werden, dass unter bestimmten Randbedingungen eine Verfrachtung mobilerer Metabolite dieser Stoffe in den Grundwasserleiter erfolgen kann. Daher sollte auch für eine funktionsfähige erste Barriere gesorgt werden, indem der Retentionsraum einschließlich seiner Einlässe und Betriebsbedingungen so gestaltet wird, dass der Schadstoffeintrag und eine Akkumulation der schwebstoffgebundenen Schadstoffe dort so weit wie möglich minimiert werden.

Auch eine sicher geglaubte dritte Barriere Grundwasserströmung könnte unvorhergesehen versagen, indem beispielsweise unbekannte Inhomogenitäten im Grundwasserleiter oder ungewöhnliche hydraulische Randbedingungen dafür sorgen, dass das Einzugsgebiet des Wasserwerks doch einen Teil des Retentionsraums beinhaltet, obwohl es gegenteilig berechnet wurde. Daher sollte für eine funktionsfähige zweite Barriere gesorgt werden, indem der Retentionsraum so gestaltet wird, dass die Bodenzone im Retentionsraum nur eine geringe Infiltration von Verunreinigungen in den Grundwasserleiter zulässt. Hierbei ist insbesondere auf Schwachstellen im Gelände mit hoher hydraulischer Durchlässigkeit zu achten und gegebenenfalls weitergehende Maßnahmen zu überlegen.

Es kann folglich keine allgemeingültige Antwort darauf gegeben werden, wie gut oder sicher die einzelnen Barrieren funktionieren sollten bzw. wie das Gesamtsystem der Barrieren zu bewerten ist. Stattdessen muss diesbezüglich jeder konkrete Standort individuell beurteilt werden. Hierzu könnten beispielsweise die Methoden der Risikobetrachtung, wie sie in Kapitel 5.3 für den Stofftransport in der ungesättigten Zone vorgestellt wurden, verwendet werden.

8 Möglichkeiten zur Stärkung der Barrieren

In allen drei vorgestellten Phasen des Stofftransportes bestehen Möglichkeiten, die Gefährdung der Beeinflussung der Grundwasserbeschaffenheit am Standort der Entnahmebrunnen eines Wasserwerks zu reduzieren. Da in einem Raum, in dem sowohl ein Hochwasser-Retentionsraum als auch ein Wasserwerk geplant oder betrieben werden, in der Regel viele weitere Interessen (z. B. Naturschutz, Wohnbevölkerung, Landwirtschaft, Forstwirtschaft, Naherholung, Verkehrswegenetz, Kultur- und Sachgüter) berücksichtigt werden müssen, ist davon auszugehen, dass an einem konkreten Standort die meisten der nachfolgend vorgeschlagenen Maßnahmen hinsichtlich ihrer tatsächlichen Umsetzung einer detaillierten Einzelfallprüfung bedürfen.

8.1 Minderung des Schadstoffeintrags in den Retentionsraum

Die zur Stärkung der Barriere 1 vorgeschlagenen Maßnahmen sollen eine Minimierung des Eintrags von Schadstoffen in den Retentionsraum und eine Minimierung der Anreicherung von schwebstoffgebundenen Schadstoffen im Retentionsraum bewirken.

Verbesserung der Qualität des Fließgewässers

Eine Gefährdung der Trinkwassergewinnung durch einen Retentionsraum tritt nur dort auf, wo die Qualität des Fließgewässers als weniger gut als die des angrenzenden Grundwassers beurteilt wird. Eine wirksame Maßnahme zur Minderung oder Vermeidung des auftretenden Nutzungskonfliktes ist daher die vorausschauende Verbesserung der Qualität des Fließgewässers. Es ist jedoch anzumerken, dass die hierfür notwendigen Schritte in der Regel von den beteiligten Akteuren des Retentionsraums bzw. der Trinkwassergewinnung nicht allein und kurzfristig durchgesetzt werden können, sondern langfristiges Handeln in Zusammenarbeit von Behörden, Kommunen und Industrie voraussetzen.

Steuerung der Flutung durch verschließbare Einlassbauwerke

Viele Retentionsräume werden nicht ausschließlich zum Zweck der Reduzierung einer extremen Hochwasserspitze geflutet, sondern auch bei kleineren Hochwässern, damit sich die natürlichen Lebensräume im Retentionsraum an die gelegentlichen Flutungen anpassen können. Hinzu kommt, dass aus Kostengründen zum Teil auch ungesteuerte Retentionsräume mit nicht verschließbaren Ein- und Auslassbauwerken errichtet werden.

Im Fall einer nahe gelegenen Trinkwassergewinnungsanlage ist darauf zu achten, dass ein Retentionsraum im Nebenschluss des Fließgewässers immer mit verschließbaren Ein- und Auslassbauwerken versehen wird, so dass ein Wasserzutritt in den Retentionsraum verhindert werden kann, falls eine kurzfristig erhöhte Schadstoffkonzentration, zum Beispiel verursacht durch einen Unfall, im Fließgewässer entdeckt wird oder zu erwarten ist, und der Retentionsraum nicht gleichzeitig zur Reduzierung einer Hochwasserspitze eingesetzt werden muss. Mit den in Kapitel 4.1 vorgestellten Methoden ist es möglich, den Schadstoffdurchgang am Standort des Retentionsraums nach einem oberstromigen Eintrag zu prognostizieren. Auf dieser Grundlage kann durch verschließbare Einlassbauwerke ein unnötiger und möglicherweise katastrophaler Schadstoffeintrag in den Retentionsraum wirksam verhindert werden.

Im normalen Betrieb, wenn kein besonderer Schadstoffeintrag oberstrom bekannt ist, kann der Eintrag von Schadstoffe in den Retentionsraum durch steuerbare Einlassbauwerke in der Regel nicht vermindert werden, da das Maximum der Schadstoffkonzentration während eines Hochwasserereignisses im Allgemeinen nicht prognostiziert werden kann.

Bezüglich der häufiger stattfindenden regelmäßigen Flutungen zur Adaption der natürlichen Lebensräume ist anzumerken, dass diese so zu realisieren sind, dass sie nicht zum Aufbau eines Schadstoffdepots im Untergrund des Retentionsraums beitragen. Zielkonflikte mit dem Naturschutz sind diesbezüglich in der Regel zu erwarten.

Modellierung der Topographie und Oberflächenbeschaffenheit des Retentionsraums

Die Anreicherung von schwebstoffgebundenen Schadstoffen im Retentionsraum hat in der Regel zunächst keine direkte Auswirkung auf die Beschaffenheit des Grundwassers am Standort der Trinkwassergewinnungsanlage. Es kann jedoch nicht ausgeschlossen werden, dass bei veränderten Randbedingungen rückgelöste Schadstoffe oder mobile Metabolite der Stoffe mit dem Sickerwasser in den Grundwasserleiter verlagert werden und damit eine potentielle Gefährdung für die Trinkwasserversorgung darstellen.

Daher sollte zur Minderung des Nutzungskonfliktes die Topographie und Oberflächenbeschaffenheit des Retentionsraums so modelliert werden, dass eine Sedimentation von Schwebstoffen und damit eine Anreicherung von schwebstoffgebundenen Schadstoffen im Retentionsraum möglichst minimiert wird. Hierfür sollten beispielsweise abflusslose Senken, die bei zurückgehendem Wasserspiegel im Retentionsraum entstehen, vermieden werden. Bezüglich der hierfür notwendigen Arbeiten sind jedoch mögliche Zielkonflikte mit dem Naturschutz zu beachten.

Berücksichtigung bekannter Schadstoffquellen bei der Planung des Retentionsraums

Sollten im Nahfeld oberstrom des Retentionsraums Einleitungen von Schadstoffen oder Gefährdungspotentiale für eine Verunreinigung des Fließgewässers bekannt oder zu befürchten (Eintrag bei Überschwemmung) sein, so kann möglicherweise die genaue Lage des Retentionsraums und der Einlaufbauwerke so geplant werden, dass ein Eintrag dieser Schadstoffe in den Retentionsraum minimiert wird. Solche Überlegungen sind nur dann sinnvoll, wenn zwischen der (potentiellen) Einleitstelle und dem Retentionsraum noch keine vollständige Durchmischung des Schadstoffes über den Fließgewässerquerschnitt stattgefunden hat.

8.2 Minderung des Schadstoffeintrags in das Grundwasser

Mit den nachfolgend erläuterten Maßnahmen kann die Infiltration von Oberflächenwasser über die Bodenzone in das Grundwasser während der Flutung des Retentionsraums vermindert werden.

Minderung der maximalen Einstauhöhe

Die Infiltrationsrate von Oberflächenwasser in das Grundwasser und damit auch von Schadstoffen in das Grundwasser ist direkt vom Potentialgradienten zwischen Oberflächenwasser im Retentionsraum und der Grundwasserdruckhöhe an der gleichen Stelle abhängig. Eine geringere Einstauhöhe führt direkt zu einem geringeren Potentialgradienten und damit zu einer geringeren Infiltrationsrate.

In der Regel kann die maximale Einstauhöhe im Retentionsraum jedoch nicht frei gewählt werden, da sie direkt vom erforderlichen Retentionsvolumen bestimmt wird. Eine Vergrößerung der Fläche des Retentionsraums zur Beibehaltung des Retentionsvolumens bei geringerer Einstauhöhe ist zur Minderung der Gefährdung der Trinkwasserversorgung nur dann sinnvoll, wenn die zusätzliche Fläche sich außerhalb des Einzugsgebietes des Wasserwerks befindet, da die Infiltrationsrate auch von der überstauten Fläche abhängt.

Minderung von Dauer und Häufigkeit sowie Verzicht auf nicht zum Hochwasserschutz benötigter Flutungen

Die Infiltration von Schadstoffen in den Grundwasserleiter kann minimiert werden, indem die Dauer und vor allem die Häufigkeit der Flutungen des Retentionsraums minimiert werden. Während die Häufigkeit von Retentionsflutungen zur Reduzierung extremer Hochwasserspitzen nicht vermindert werden kann, besteht zum Teil die Möglichkeit, die Dauer der Flutungen zu verkürzen, in dem das eingestaute Wasser bereits bei zurückgehendem Hochwasser weiter unterstrom in das Fließgewässer eingeleitet wird.

Weiterhin ist es zur Minimierung der Beeinflussung der Grundwasserbeschaffenheit an den Brunnen des nahen Wasserwerks sinnvoll, außer den notwendigen Retentionsflutungen keine weiteren Flutungen des Retentionsraums, etwa zum Zweck der Gewöhnung der Biotope an die Überflutungszustände, zuzulassen. Diesbezüglich sind Zielkonflikte mit den Anliegen des Naturschutzes möglich.

Optimierte Lage des Retentionsraums und Oberflächenabdichtungen

Das Risiko der Infiltration von Schadstoffen über die Bodenzone in den Grundwasserleiter besteht vor allem am Rand des Retentionsraums, bei geringmächtigen Bodenschichten, bei geringen Gehalten von organischem Kohlenstoff in den Bodenschichten, und insbesondere beim gemeinsamen Auftreten der genannten Kriterien. Durch eine räumlich differenzierte Aufnahme der Bodenparameter am Standort des Retentionsraums und anschließender Berechnung der jeweiligen möglichen Schadstofffrachten können Bereiche ausgewiesen werden, in denen eventuell ein Versagen des Grundwasserschutzes durch die Deckschichten auftreten kann. Diese Informationen könnten bereits bei der Planung eines Retentionsraums berücksichtigt werden, so dass Bereiche, für die ein Versagen der zweiten Barriere als wahrscheinlich angenommen wird, nicht in den Retentionsraum mit einbezogen werden, oder zumindest nicht in den Randbereichen des geplanten Retentionsraums zu liegen kommen.

Falls dies nicht möglich sein sollte, könnte die Barriere Bodenzone in besonders gefährdeten Bereichen auch durch das Aufbringen einer Oberflächenabdichtung gestärkt werden. Diesbezüglich sind bei möglichen Zielkonflikten mit dem Naturschutz Abwägungen vorzunehmen.

Spundwände im Damm des Retentionsraums

Mit Hilfe von Spundwänden in den Damm des Retentionsraums, die bis in den darunter liegenden Grundwasserleiter reichen, kann der Potentialgradient zwischen Oberflächenwasser und Grundwasser im Retentionsraum deutlich reduziert werden, was zu einer signifikanten Reduzierung der Infiltration von Schadstoffen in den Grundwasserleiter führt (KÜHLERS & MAIER 2009). Da Spundwände einerseits die Infiltration von Schadstoffen zwar deutlich verringern, aber nicht vollständig unterbinden können, andererseits eine finanziell relativ aufwendige Maßnahme darstellen, ist in jedem Einzelfall individuell zu prüfen, ob diese Maßnahme sinnvoll eingesetzt werden kann und im Einklang mit anderen Interessen (z. B. Naturschutz) zu bringen ist.

8.3 Minderung des Schadstofftransports zum Trinkwasserwerk

Wenn Schadstoffe über den Retentionsraum in den Grundwasserleiter eingedrungen sind, besteht noch die Möglichkeit, die Grundwasserströmung durch geeignete Maßnahmen so zu beeinflussen, dass die Verunreinigungen nicht oder in geringeren Konzentrationen zu den Wasserwerksbrunnen gelangen.

Größere räumliche Entfernung von Retentionsraum und Entnahmebrunnen

Die Gefährdung des Wasserwerks hängt im Wesentlichen davon ab, ob das Einzugsgebiet des Wasserwerks einen Teil des Retentionsraums beinhaltet. Wenn die Entnahmebrunnen des Wasserwerks und der Hochwasser-Retentionsraum so weit voneinander entfernt platziert werden können, dass sich das Einzugsgebiet nicht mehr mit dem Retentionsraum überschneidet, so kann damit eine eventuelle Gefährdung vermieden werden. Erfahrungsgemäß ist die Wahl möglicher Standorte jedoch meist durch andere Randbedingungen so weit eingeschränkt, dass diese Möglichkeit nicht so wahrgenommen werden kann, dass eine Gefährdung vollständig vermieden werden kann. Es sollte jedoch geprüft werden, ob durch eine optimierte Positionierung der Entnahmebrunnen oder durch eine optimierte Abgrenzung des Retentionsraums die potentielle Gefährdung zumindest gemindert werden kann.

Geringere Entnahmeraten des Wasserwerks

Die Größe des Einzugsgebietes des Wasserwerks hängt maßgeblich von der Entnahmerate der Grundwasserbrunnen ab. Falls die Entnahme dauerhaft so weit eingeschränkt werden kann, dass das Einzugsgebiet den Retentionsraum nicht mehr beinhaltet, so kann damit eine eventuelle Gefährdung vermieden werden. Erfahrungsgemäß lassen die Erfordernisse einer sicheren Trinkwasserversorgung in der Regel eine solche Einschränkung nicht zu. In manchen Fällen kann jedoch durch eine Optimierung der Verteilung der Entnahmeraten an den Entnahmebrunnen eines Wasserwerks (geringere Entnahmeraten an einigen Brunnen, zum Ausgleich höhere Entnahmeraten an anderen Brunnen) abhängig von den Zuströmverhältnissen zu den Einzelbrunnen eine Minderung der Gefährdung erreicht werden.

Eine temporäre Stilllegung der Grundwasserentnahme während der Flutung des Retentionsraums hat durch die zeitversetzte Reaktion des Grundwasserleiters im Allgemeinen nicht die gewünschte positive Wirkung. Die Infiltration von Oberflächenwasser in den Grundwasserleiter während der Flutung wird durch das Abschalten der Brunnen kaum gemindert. Mit der Wiederinbetriebnahme der Brunnen nach dem Hochwasserereignis werden die infiltrierten Verunreinigungen dann unbeeinflusst von der temporären Abschaltung zu den Entnahmebrunnen transportiert. Wenn bereits während des Hochwasserereignisses erhöhte Konzentrationen von Verunreinigungen in den Wasserwerksbrunnen zu erwarten sind, so können diese durch eine temporäre Außerbetriebnahme zunächst vermieden werden. Zum Teil werden durch die erhöhten Gradienten des Grundwasserspiegels während der Flutung des Retentionsraums jedoch trotz Abschaltung vermehrt Schadstoffe in Richtung der Brunnen transportiert, so dass beim Wiedereinschalten der Brunnen höhere Konzentrationen der Schadstoffe im Grundwasser gefördert werden, als wenn die Entnahme nicht unterbrochen worden wäre (KÜHLERS & MAIER 2009).

Installation von Abwehrbrunnen

Eine weitere zu prüfende Möglichkeit ist die Einrichtung von Abwehrbrunnen zwischen den Entnahmebrunnen des Wasserwerks und dem Retentionsraum. An den Entnahmebrunnen kann Wasser entnommen werden, das dann wieder in den Retentionsraum oder in das nahe Fließgewässer eingeleitet wird. Dadurch wird das vom Retentionsraum oder vom Fließgewässer kommende Grundwasser abgefangen, so dass es nicht zu den Entnahmebrunnen des Wasserwerks vordringen kann.

Andererseits besteht auch die Möglichkeit, Wasser aus dem Wasserwerk in die Abwehrbrunnen einzuleiten. Durch die damit verbundene Anhebung der Grundwasserstände kann im Grundwasserleiter eine hydraulische Barriere erzeugt werden, die verhindert, dass Wasser aus der Richtung des Retentionsraums in die Entnahmebrunnen gelangt. Ein Teil des an den Abwehrbrunnen eingeleiteten Wassers fließt in Richtung des Retentionsraums, ein anderer (oft größerer) Teil fließt wieder den Entnahmebrunnen des Wasserwerks zu. Während der Flutung des Retentionsraums ist jedoch damit zu rechnen, dass die Grundwasserstände insgesamt stark ansteigen. Wenn die Grundwasserstände an den Abwehrbrunnen dadurch über die Geländeoberkante ansteigen, ist eine weitere Einleitung von Wasser dort nicht mehr möglich. Daher sind Infiltrationsbrunnen in vielen Fällen keine geeignete Maßnahme.

Auch beim Betrieb der Abwehrbrunnen als Entnahmebrunnen werden die Abwehrbrunnen oft in relativ geringen Abständen voneinander und mit verhältnismäßig hohen Entnahmeraten benötigt. Es ist daher nur in wenigen Fällen damit zu rechnen, dass diese Maßnahme umweltverträglich gestaltet und wirtschaftlich betrieben werden kann. Die Prüfung der Umsetzbarkeit dieser Maßnahme ist nur mit einem numerischen Aquifersimulator möglich.

Abzugsgraben um den Retentionsraum

Häufig wird außerhalb eines Retentionsraums ein Abzugsgraben angelegt, der während einer Überflutung das auf der Landseite des Damms auftretende Druckwasser aufnimmt und abführt. Dadurch wird das Ansteigen des Grundwasserspiegels außerhalb des Retentionsraums gemindert bzw. begrenzt. Zum einen wird damit sichergestellt, dass die Sickerlinie des Grundwassers im Damm nicht oberhalb des Dammfußes austreten kann, wodurch die Standsicherheit des Dammes akut gefährdet würde. Zum anderen mindert bzw. begrenzt ein Abzugsgraben auch das Ansteigen des Grundwasserspiegels im Umland des Retentionsraums und kann dadurch Vernässungen durch Druckwasser verhindern.

Zur Minderung oder Vermeidung der Gefährdung der Trinkwasserversorgung ist ein Abzugsgraben um den Retentionsraum jedoch nur in wenigen Fällen geeignet. Zum einen mindert der Abzugsgraben außerhalb des Retentionsraums nicht die Infiltration von Oberflächenwasser in das Grundwasser während der Flutung des Retentionsraums. Durch die vom Abzugsgraben verursachten niedrigeren Grundwasserstände wird am äußeren Rand des Retentionsraums der Potentialgradient zwischen Oberflächenwasser und Grundwasserspiegel höher, wodurch insgesamt sogar mehr Wasser während des Hochwasserereignisses in den Grundwasserleiter infiltriert. Ein Teil des infiltrierten Wassers wird andererseits zwar wieder vom Abzugsgraben abgeführt, oft führt ein Abzugsgraben jedoch netto zu mehr infiltriertem Oberflächenwasser (KÜHLERS & MAIER 2009).

Um die Umweltauswirkungen der Abzugsgräben möglichst gering zu halten, sind sie in der Regel so angelegt, dass ihre Gewässersohle über dem mittleren Grundwasserstand liegt, sodass sie möglichst nur während der Flutung des Retentionsraums aktiv sind. Nach dem Hochwasserereignis wird das infiltrierte Oberflächenwasser folglich vom Abzugsgraben ungehindert zu den Entnahmebrunnen transportiert.

Auch das direkt während des Hochwasserereignisses in den Entnahmebrunnen des Wasserwerks auftretende Maximum von Flusswasser wird durch den Abzugsgraben meist nur wenig abgeschwächt. Der Gradient des Grundwasserspiegels zwischen Retentionsraum und Entnahmebrunnen wird durch einen Abzugsgraben meist nur wenig verringert, da einerseits wie bereits erwähnt die Gewässersohle oft über dem mittleren Grundwasserspiegel liegt, andererseits auch ohne Abzugsgraben sichergestellt sein muss, dass der Grundwasserspiegel während einer Flutung des Retentionsraums am äußeren Fuß des Damms nicht über die Geländeoberkante ausspiegelt, da sonst die Standsicherheit des Damms gefährdet wäre.

9 Fazit

Beim Bau eines Hochwasserretentionsraumes oder eines Grundwasserwerkes sind, wie bei vielen anderen Bauprojekten auch, eine Vielzahl von Interessen zu berücksichtigen. So kann sich in Talauen von Fließgewässern insbesondere ein Nutzungskonflikt zwischen den Interessen der öffentlichen Trinkwasserversorgung und des Hochwasserschutzes ergeben, da unter bestimmten Randbedingungen das Risiko besteht, dass durch einen Retentionsraum Schadstoffe in die Grundwasserentnahmebrunnen eines nahen Wasserwerkes gelangen.

Um dieses Risiko abschätzen zu können, muss der gesamte Transportpfad von der fließenden Welle über den Retentionsraum bis zu den Entnahmebrunnen des Wasserwerkes untersucht werden. Hierfür müssen zunächst die wesentlichen Strömungs- und Transportprozesse in den beteiligten Kompartimenten (Fließgewässer, Retentionsraum, Bodenzone und Grundwasserleiter) identifiziert und verstanden werden. Darauf aufbauend sind in allen Kompartimenten die jeweiligen Strömungs- und Transporteigenschaften sowie die Schadstoffbelastung messtechnisch zu erfassen, da nur auf der Grundlage gemessener Daten belastbare Aussagen gemacht werden können. Weiterhin kann zur Erstellung detaillierter, quantitativer Prognosen der Aufbau numerischer Modelle notwendig sein.

Ein hohes Risiko der Verschlechterung der Grundwasserqualität an den Entnahmebrunnen eines Wasserwerkes durch einen Hochwasserretentionsraum besteht im Allgemeinen dann, wenn

- o im betreffenden Fließgewässer Schadstoffe transportiert werden, die sehr persistent (stabil gegenüber mikrobiologischem oder chemischem Abbau) sind und ein sehr geringes Bestreben haben, an Feststoffe zu sorbieren,

- o im Hochwasserretentionsraum (insbesondere in der Nähe der Deiche) Bereiche auftreten, in denen die Deckschicht gut hydraulisch durchlässig oder nur gering mächtig ist, und

- o das Einzugsgebiet des Wasserwerkes und der Retentionsraum sich überschneiden.

Es kann sich allerdings auch unter anderen Konstellationen ein erhöhtes Risiko ergeben. Eine weitergehende Verallgemeinerung ist daher nicht zulässig, so dass jeder Einzelfall separat untersucht und überprüft werden muss.

In diesem Leitfaden wurden Grundsätze für Maßnahmen vorgeschlagen, mit denen ein festgestelltes Risiko der Verschlechterung der Qualität des entnommenen Grundwassers gemindert werden kann. Die Wirksamkeit der vorgeschlagenen Maßnahmen ist jedoch von den im Einzelfall vorliegenden Randbedingungen abhängig, so dass nicht jede Maßnahme an jedem Standort sinnvoll ist. Weiterhin ist zu beachten, dass viele der vorgeschlagenen Maßnahmen zu weiteren Interessenskonflikten führen können, die wiederum im Einzelfall abzuwägen sind.

Literaturverzeichnis

AG Boden: 2005. Bodenkundliche Kartieranleitung. 5. Auflage, E. Schweizerbart'sche Verlage, Stuttgart.

APPELO, C. A. J. & POSTMA, D.: 2005. Geochemistry, groundwater and pollution. Balkema Publishers, Leiden.

ARIATHURAI, R. & ARULANANDAN, K.: 1978. Erosion Rates of Cohesive Soils. Journal of the Hydraulics Division, 104(HY2), 279-283.

ASSELMAN, N. E. M. & MIDDELKOOP, H.: 1995. Floodplain sedimentation: quantities, patterns and processes. Earth Surface Processes and Landforms, 20(6), 481-499.

BABOROWSKI, M., BÜTTNER, O., MORGENSTERN, P., KRÜGER, F., LOBE, I., RUPP, H. & VON TÜMPLING, W.: 2007. Spatial and temporal variability of sediment deposition on artificial-lawn traps in a floodplain of the River Elbe. Environmental Pollution, 148(3), 770-778.

BAGNOLD, R. A.: 1966. An Approach to the Sediment Transport Problem From General Physics. Physiographic and Hydraulic Studies of Rivers, Geological Survey Professional Paper 422-I, United States Government Printing Office, Washington.

BAUM, F.: 1998. Umweltschutz in der Praxis. 3. Auflage, Oldenbourg, München.

BBodSchV: 1999. Bundes-Bodenschutz- und Altlastenverordnung vom 12. Juli 1999. Bundesgesetzblatt I, 36, 1554-1582.

BETHGE, E.: 2009. Risikoberechnung zum Schadstoffeintrag aus Hochwasserretentionsräumen in einen Grundwasserleiter. Dissertation am Institut für Hydromechanik, Universität Karlsruhe (TH).

BEVEN, K. & GERMAN, P.: 1982. Macropores and water flow in soils. Water Resources Research, 18(5), 1311-1325.

BEYER, W.: 1964. Zur Bestimmung der Wasserdurchlässigkeit von Kiesen und Sanden aus der Kornverteilung. Wasserwirtschaft-Wassertechnik (WWT), 165-169, Berlin-Ost.

BLEECK-SCHMIDT, S.: 2008. Geochemisch-mineralogische Hochwassersignale in Auensedimenten und deren Relevanz für die Rekonstruktion von Hochwasserereignissen. Dissertation an der Fakultät für Bauingenieur-, Geo- und Umweltwissenschaften, Universität Karlsruhe.

BLUME, H.P. & BRÜMMER, G.: 1991. Prediction of Heavy Metal Behavior in Soils by Means of simple Field Tests. Ecotoxicology & Environmental Safety, 22, 164-174.

BMU Bundesministerium für Umwelt, Naturschutz und Reaktorsicherheit: 2008. Gewässerschutz. Prioritäre Stoffe im Gewässerschutz. http://www.bmu.de/gewaesserschutz/doc/3935.php (21.07.2008).

BOUFADEL, M. C. & PERIDIER, V.: 2002. Exact analytical expressions for the piezometric profile and water exchange between steam and groundwater during and after a uniform rise of the stream level. Water Resources Research, 38, 7, DOI: 10.1029/2001WR000780.

BRACK, W: 2003. Effect-directed analysis: A promising tool for the identification of organic toxicants in complex mixtures?. Anal Bioanal Chem, 377, 397-407

BRAUCH, H.-J. & FLEIG, M.: 2009. Schadstoffcharakterisierung und –verhalten in Überflutungs-flächen in Folge extremer Hochwasserereignisse. Schlussbericht des Forschungsvorhabens Rimax-HoT TP A, BMBF-Förderkennzeichen: 02WH0691. http://edok01.tib.uni-hannover.de/edoks/e01fb10/616842244.pdf.

CHEN, Y. & WAGENET, R.: 1992. Simulation of water and chemicals in macropore soils, Part1, Representation of the equivalent macropore influence and its effect on soilwater flow. Journal of Hydrology, 130, 105-126.

DARCY, H.: 1856. Les fontaines publiques de la Ville de Dijon. Victor Dalmont, Paris.

DEV Deutsche Einheitsverfahren zur Wasser-, Abwasser- und Schlamm-Untersuchung - Physi-kalische, chemische, biologische und bakteriologische Verfahren. Aktuelles Grundwerk (Lieferung 1-74, Stand: Januar 2009), ISBN-13: 978-3-527-19010-2, Wiley-VCH, Weinheim

DIN 4220: 2005. Bodenkundliche Standortbeurteilung, Kennzeichnung, Klassifizierung und Ableitung von Bodenkennwerten. Deutsches Institut für Normung e.V. (DIN), Berlin.

DIN 18123: 1996. Baugrund, Untersuchung von Bodenproben - Bestimmung der Korngrößen-verteilung. Normenausschuß Bauwesen im DIN Deutsches Institut für Normung e.V.

DIN 19682: 2007. Bodenbeschaffenheit – Felduntersuchungen. Deutsches Institut für Normung e.V. (DIN), Berlin.

DIN 38409: 1997. Deutsche Einheitsverfahren zur Wasser-, Abwasser- und Schlammuntersu-chung - Summarische Wirkungs- und Stoffkenngrößen (Gruppe H). Deutsches Institut für Normung e.V. (DIN), Berlin.

DIN 66111: 1989. Partikelgrößenanalyse – Sedimentationsanalyse: Grundlagen. Normenaus-schuß Siebböden und Kornmessung im DIN Deutsches Institut für Normung e.V., Normen-ausschuß Materialprüfung im DIN.

DVGW Deutsche Vereinigung des Gas- und Wasserfaches e.V.: 2004. Aufbau und Anwendung numerischer Grundwassermodelle in Wassergewinnungsgebieten - Technische Regel. Ar-beitsblatt W 107, Bonn.

DWA Deutsche Vereinigung für Wasserwirtschaft, Abwasser und Abfall e.V.: 2006. Materialien zur Sickerwasserprognose – DWA-Themen GB-7.1, Hennef.

EADON G., KAMINSKY L., SILKWORTH J., ALDOUS K., HILKER D., O'KEEFE P., SMITH R., GIERTHY J., HAWLEY J. & KIM N.: 1986. Calculation of 2,3,7,8-TCDD equivalent concentrations of com-plex environmental contaminant mixtures. Environ Health Perspect, 70, 221-227.

ENGELUND, F.: 1965. A Criterion for the Occurrence of Suspended Load. Basic Research Progress Report Nr. 9, Technical University of Denmark, Copenhagen, 7-8.

EU-GWRL: 2006. Richtlinie 2006/118/EG des Europäischen Parlaments und des Rates vom 12. Dezember 2006 zum Schutz des Grundwassers vor Verschmutzung und Verschlechterung. Amtsblatt der Europäischen Union, L 372, 19-31.

EU-WRRL: 2000. Richtlinie 2000/60/EG des Europäischen Parlaments und des Rates vom 23. Oktober 2000 zur Schaffung eines Ordnungsrahmens für Maßnahmen der Gemeinschaft im Bereich der Wasserpolitik. Amtsblatt der Europäischen Gemeinschaften, L 327, 1-82.

EU-WRRL: 2001. Entscheidung Nr. 2455/2001/EG des Europäischen Parlaments und des Rates vom 20. November 2001 zur Festlegung der Liste prioritärer Stoffe im Bereich der Wasser-politik und zur Änderung der Richtlinie 2000/60/EG. Amtsblatt der Europäischen Gemein-schaften, L 331, 1-5.

EU-WRRL: 2008. Richtlinie 2008/105/EG des Europäischen Parlaments und des Rates vom 16. Dezember 2008 über Umweltqualitätsnormen im Bereich der Wasserpolitik und zur Änderung und anschließenden Aufhebung der Richtlinien des Rates 82/176/EWG, 83/513/EWG, 84/156/EWG, 84/491/EWG und 86/280/EWG sowie zur Änderung der Richtlinie 2000/60/EG.

FISCHER, H. B., LIST, E. J., KOH, R. C. Y., IMBERGER, J. & BROOKS, N. H.: 1979. Mixing in Inland and Coastal Waters. Academic Press.

FLERCHINGER, G., WATTS, F. & BLOOMSBURG, G.: 1988. Explicit solution to Green-Ampt equation for nonuniform soil. Journal of Irrigatin and Drainage E-ASCE, 114, 561-565.

FLURY, M.: 1996. Experimental evidence of transport of pesticides through field soils – a review. Journal of environmental Quality, 25(1), 25-45.

GERMANN, P. & BEVEN, K.: 1985. Kinematic wave approximation to infiltration into soils with sorbing macropores. Water Resources Research, 21(7), 990-996.

GERKE, H. & VAN GENUCHTEN, M. T.: 1993. A dual-porosity model for simulating the preferential movement of water and solutes in structured porous media. Water Resources Research, 29(2), 305-319.

GRATHWOHL, P.: 1998. Diffusion in natural porous media: Contaminant transport, sorption/desorption and dissolution kinetics. Springer, Berlin.

GREEN, W. & AMPT, G. (1911): Studies on soil physics: I. Flow of air and water through soils. Journal of agricultural Science, 4, 1-24.

GRETENER, B. & STROMQUIST, L.: 1987. Overbank Sedimentation Rates of Fine Grained Sediments - A Study of the Recent Deposition in the Lower River Fyrisan. Geografiska Annaler. Series A, Physical Geography, 69(1), 139–146.

GRZYMKO, T. J., MARCANTONIO, F., MCKEE, B. A. & STEWART, C. M.: 2007. Temporal variability of uranium concentrations and 234U/238U activity ratios in the Mississippi river and its tributaries. Chemical Geology, 243, 344–356.

GUO, W. (1997): Transient groundwater flow between reservoirs and water-table aquifers. Journal of Hydrology, 1985, 370-384.

HAAG, I., KERN, U. & WESTRICH, B.: 2001. Erosion investigation and sediment quality measurements for a comprehensive risk assessment of contaminated aquatic sediments. Sci Tot Environ, 266, 249-257.

HARDY, R. J., BATES, P. D. & ANDERSON, M. G.: 1999. The importance of spatial resolution in hydraulic models for floodplain environments. Journal of Hydrology, 216, 124-136.

HAVERKAMP, R., PARLANGE, J., STARR, J., SCHMITZ, G. & FUENTES, C.: 1990. Infiltration under ponded conditions, 3, A predictive equation based on physical parameters. Soil Science, 149, 292-300.

HAZEN, A.: 1893. Some physical properties of sands and gravels with spezial reference to their use in filtration. Ann. Rep. Mass. State Bd. Health, 24, 541-556, Boston.

HOLLERT, H.: 2007. Wasserrahmenrichtlinie – Fortschritte und Defizite. Z Umweltchem Oekotox, Special Edition 1, 1-13.

HOLLERT, H., HAAG, I., DÜRR, M., WETTERAUER, B., HOLTEY-WEBER, R., KERN, U., WESTRICH, B., FÄRBER, H., ERDINGER, L. & BRAUNBECK, T.: 2003. Investigations of the ecotoxicological hazard potential and risk of erosion of contaminated sediments in lock-regulated rivers. Z Umweltchem Oekotox, 15, 5-12.

HOLLERT, H., DUERR, M., HOLTEY-WEBER, R., ISLINGER, M., BRACK, W., FARBER, H., ERDINGER, L. & BRAUNBECK, T.: 2005. Endocrine disruption of water and sediment extracts in a nonradioactive dot blot/RNAse protection-assay using isolated hepatocytes of rainbow trout. Environ Sci Pollut Res, 12, 347-360

HÖLTING, B. & COLDEWEY, W. G.: 2005. Hydrogeologie – Einführung in die Allgemeine und Angewandte Hydrogeologie. 6. Auflage, Elsevier, München.

HORTON, R. (1940): An approach towards a physical interpretation of infiltration capacity. Soil Science Society of America Proceedings, 5, 399-417.

HÖTTGES, J.: 1992. Zur Methode der numerischen Simulation von Stoffausbreitungsvorgängen in Fließgewässern. Mitteilungen des Instituts für Wasserbau und Wasserwirtschaft der RWTH Aachen, 86.

HOWARD, A. D.: 1992. Modeling Channel Migration and Floodplain Sedimentation in Meandering Streams. In: CARLING, P. A. & PETT, G. E. (Hrsg.): Lowland Floodplain Rivers - Geomorphological Perspectives. John Wiley & Sons Ltd.

IAWR Internationale Arbeitsgemeinschaft der Wasserwerke im Rheineinzugsgebiet (Hrsg.): 2008. Donau-, Maas- und Rhein-Memorandum 2008. http://www.iawr.org/docs/publikation_sonstige/memo2008.pdf (01.10.2009).

JAMES, C. S.: 1985. Sediment transfer to overbank sections. Journal of Hydraulic Research, 23(5), 435–452.

KÄSS, W.: 1992. Geohydrologische Markierungstechnik. Lehrbuch der Hydrogeologie, 9, Gebrüder Borntraeger, Berlin.

KLUTE, A.: 1986. Methods of soil analysis. American Society of Agronomy, Madison.

KRUSEMANN, G. P. & DE RIDDER, N. A.: 1991. Analysis and Evaluation of Pumping Test Data. ILRI public, 47, Netherlands.

KÜHLERS, D. & MAIER, M.: 2009. Numerische Modellierung des Grundwasserstroms und zugehörigen Stofftransports in der Umgebung des Retentionsraumes. Schlussbericht des Forschungsvorhabens Rimax-HoT TP A, BMBF-Förderkennzeichen: 02WH0690. http://edok01.tib.uni-hannover.de/edoks/e01fb09/61280013X.pdf.

KÜHLERS, D., BETHGE, E., HILLEBRAND, G., HOLLERT, H., FLEIG, M., LEHMANN, B., MAIER, D., MAIER, M., MOHRLOK, U. & WÖLZ, J: 2009. Contaminant Transport to Public Water Supply Wells via Flood Water Retention Areas. Nat. Hazards Earth Syst. Sci., 9 (4), 1047-1058. Corrigendum: Nat. Hazards Earth Syst. Sci. 9(4), 1075.

LAMBERT, C. P. & WALLING, D. E.: 1987. Floodplain Sedimentation: A Preliminary Investigation of Contemporary Deposition within the Lower Reaches of the River Culm, Devon, UK. Geografiska Annaler. Series A, Physical Geography, 69(3/4), 393–404.

LARSON, S. J., CAPEL, P. D. & GOOLSBY, D. A.: 1995. Relations between Pesticide Use and Riverine Flux in the Mississippi River Basin. Chemosphere, 31(5), 3305–3321.

LEE, P. M.: 1997. Bayesian statistics. Oxford University Press, New York.

LE HIR, P.: 2007. Physique du sédiment et des eaux interstitielles: stratégies de modélisation pour les besoins en environnement côtier. (Physics of sediment and pore-water: modelling strategies for Coastal Environment studies.) La Houille Blanche, 4, 28-34.

LfU Landesanstalt für Umweltschutz Baden-Württemberg: 1996. Schadstofftransport bei Hochwasser, Handbuch Wasser, 2.

LfU Landesanstalt für Umweltschutz Baden-Württemberg: 1999. Grundwasserüberwachungsprogramm - Beprobung von Grundwasser: Literaturstudie. Grundwasserschutz, 9 (ISSN 1437-0131).

MAROTZ, G.: 1968: Technische Grundlagen einer Wasserspeicherung im natürlichen Untergrund. Schriftenreihe des KWK, 18, Hamburg.

MARRIOTT, S. B.: 1996. Analysis and Modelling of Overbank Deposits, In: ANDERSON, M. G., WALLING, D. E. & BATES, P.D. (Hrsg.): Floodplain Processes. John Wiley & Sons Ltd.

MIDDELKOOP, H.: 1997. Embanked floodplains in the Netherlands – Geomorphological evolution over various time scales. Nederlandse Geografische Studies, 224, Universiteit Utrecht.

MIGNIOT, C.: 1968. Étude des propriétés physiques de differents sédiments très fins et de leur comportement sous des actions hydrodynamiques. (A study of the physical properties of various forms of very fine sediment and their behaviour under hydrodynamic action.) La Houille Blanche, 23(7), 591-620.

MOHRLOK, U.: 2009. Bilanzmodelle in der Grundwasserhydraulik – Quantitative Beschreibung von Strömung und Transport im Untergrund. Universitätsverlag Karlsruhe, Karlsruhe.

MOHRLOK, U., BETHGE, E., LEHMANN, B., HILLEBRAND, G. & MAIER, D.: 2009. Bewertung des Sickerwassertransports von Schadstoffen aus Überflutungsflächen ins Grundwasser bei extremen Hochwässern. Schlussbericht des Forschungsvorhabens Rimax-HoT TP C, BMBF-Förderkennzeichen: 02WH0692.
http://edok01.tib.uni-hannover.de/edoks/e01fb10/621446416.pdf.

MUALEM, Y.: 1976. A new model for predicting the hydraulic conductivity of unsaturated porous media. Water Resources Research, 12(3), 564-566.

NICHOLAS, A. P. & WALLING, D. E.: 1998. Numerical modelling of floodplain hydraulics and suspended sediment transport and deposition. Hydrological Processes, 12, 1339–1355.

NICHOLAS, A. P., WALLING, D. E., SWEET, R. J. & FANG, X.: 2006. New strategies for upscaling high-resolution flow and overbank sedimentation models to quantify floodplain sediment storage at the catchment scale. Journal of Hydrology, 329(3-4), 577–594.

NICHOLSON, J. & O'CONNOR, B. A.: 1986. Cohesive Sediment Transport Model. Journal of Hydraulic Engineering, 112(7), 621-640.

OLSMAN, H., ENGWALL, M., KAMMANN, U., KLEMPT, M., OTTE, J., BAVEL, B. & HOLLERT, H.: 2007. Relative differences in aryl hydrocarbon receptor-mediated response for 18 polybrominated and mixed halogenated dibenzo-p-dioxins and -furans in cell lines from four different species. Environ Toxicol Chem, 26, 2448-2454.

PHILLIP, J.: 1957. The theory of infiltration, 1, The infiltration equation and its solution. Soil Science, 84, 257-267.

PIZZUTO, J. E.: 1987. Sediment diffusion during overbank flows. Sedimentology, 34, 301-317.

PLATE, E.: 1993. Statistik und angewandte Wahrscheinlichkeitslehre für Bauingenieure. Ernst & Sohn Verlage, Berlin.

RAUDKIVI, A. J.: 1998. Loose boundary hydraulics. Balkema, Rotterdam.

REINEMANN, L. & SCHEMMER, H.: 1994. Neuartige Schwebstoffsammler zur Gewinnung von Schwebstoffen aus fließenden Gewässern. DGM, 38(4/5), 22-25.

ROMMEL, J.: 2005. Geländehöhenveränderungen im Vorland der Elbe. Untersuchungsbericht im Auftrag des Referates W2 der Bundesanstalt für Wasserbau, Karlsruhe.

ROTARU, E., LE COZ, J., DROBOT, R., ADLER, M.-J. & DRAMAIS, G.: 2006. ADCP Measurements of Suspended Sediment Fluxes in Banat Rivers, Romania. BALWOIS 2006, Conference on Water Observation and Information System For Decision Support, 23-26 May 2006, Ohrid, Republic of Macedonia.

ROUSE, H.: 1937. Modern Conceptions of the Mechanics of Fluid Turbulence. Transactions of the American Society of Civil Engineers, 102, 463–543.

RUTHERFORD, J. C.: 1994. River Mixing. John Wiley & Sons, Chichester.

SCHÄFER, D.: 1999. Bodenhydraulische Eigenschaften eines Kleineinzugsgebietes – Vergleich und Bewertung unterschiedlicher Verfahren. Dissertation, Universität Karlsruhe (TH).

SCHEFFER, F. & SCHACHTSCHABEL, P.: 1998. Lehrbuch der Bodenkunde. Enke Verlag, Stuttgart.

SCHWARTZ, F.; ZHANG, H. (2003): Fundamentals of Ground Water. John Wiley & Sons, New York.

SHIONO, K. & KNIGHT, D.W.: 1991. Turbulent open-channel flows with variable depth across the channel, Journal of Fluid Mechanics, 222, 617-646.

SIMUNEK, J., JARVIS, N. J., VAN GENUCHTEN, M. T. & SEJNA, M.: 2005. The HYDRUS-1D software package for simulating the one- dimensional movement of water, heat, and multiple solutes in variably- saturated media. University of California, Riverside.

SONTHEIMER, H.: 1991. Trinkwasser aus dem Rhein? – Bericht über ein vom Bundesminister für Forschung und Technologie gefördertes Verbundforschungsvorhaben zur Sicherheit der Trinkwassergewinnung aus Rheinuferfiltrat bei Stoßbelastungen. Sankt Augustin.

STOKES, G. G.: 1850. On the Effect of the Internal Friction of Fluids on the Motion of Pendulums. Transactions of the Cambridge Philosophical Society IX.

STÖRTENBECKER, M.: 1992. Sedimentologische Bearbeitung von Profilen im Watt vor dem Hedwigenkoog/Büsum über Lasergranulometrie. Diplomarbeit Univ. Kiel.

TrinkwV: 2001. Verordnung über die Qualität von Wasser für den menschlichen Gebrauch. Bundesgesetzblatt I, 24, 959-980.

VAN DE GIESEN, N., PARLANGE, J.-Y. & STEENHUIS, T.: 1994. Transient flow to open drains: Comparison of linearized solutions with and without the Dupuit assumption. Water Resources Research, 30(11), 3033-3039.

VAN GENUCHTEN, M. T.: 1980. A closed-form equation for predicting the hydraulic conductivity of unsaturated soils. Soil Science Society of America Journal, 58, 647-652.

VAN MAZIJK, A.: 1996. One-dimensional approach of transport phenomena of dissolved matter in rivers. Dissertation TU Delft.

VAN MAZIJK, A., VAN GILS, J. A. G. & WEITBRECHT, V.: 2000. Analyse und Evaluierung der 2-D-Module zur Berechnung des Stofftransportes in der Windows-Version des Rheinalarmmodells in Theorie und Praxis. Bericht Nr. II-16 der Internationalen Kommission für die Hydrologie des Rheingebietes.

WANG, Y., GAO, S. & LI, K.: 2000. A preliminary study on suspended sediment concentration measurements using an ADCP mounted on a moving vessel. Chinese Journal of Oceanology and Limnology, 18(2), 183–189.

WALLING, D. E. & HE, Q.: 1998. The spatial variability of overbank sedimentation on river floodplains. Geomorphology, 24, 209-223.

WALLING, D. E., HE, Q. & NICHOLAS, A. P.: 1996. Floodplains as Suspended Sediment Sinks. In: ANDERSON, M. G., WALLING, D. E. & BATES, P. D. (Hrsg.): Floodplain Processes. John Wiley & Sons Ltd.

WÖLZ, J., ENGWALL, M., MALETZ, S., OLSMAN, H., VAN BAVEL, B., KAMMANN, U., KLEMPT, M., BRAUNBECK, T. & HOLLERT, H.: 2008. Changes in toxicity and Ah receptor agonist activity of suspended particulate matter during flood events at the rivers Neckar and Rhine – A mass balance approach using *in vitro* methods and chemical analysis. Environ Sci Pollut Res, 15, 536-553.

WÖLZ, J. & HOLLERT, H.: 2009. (Öko-)toxikologische Charakterisierung von Schwebstoffen, Boden- und Grundwasserproben zur Abschätzung des Schädigungspotenzials von extremen Hochwasserereignissen für die Trinkwassergewinnung. Schlussbericht des Forschungsvorhabens Rimax-HoT TP C, BMBF-Förderkennzeichen: 02WH0693. http://edok01.tib.uni-hannover.de/edoks/e01fb10/620675268.pdf.

WÖLZ, J., BRACK, W., MOEHLENKAMP, C., CLAUS, E., BRAUNBECK, T. & HOLLERT, H.: 2010. Effect-directed analysis of Ah receptor-mediated activities caused by PAHs in suspended particulate matter sampled in flood events. Science of the Total Environment, 408(16), 3327-33.

WORKMAN, S., SERRANO, S. E. & LIBERTY, K.: 1997. Development and application of an analytical model of stream/aquifer interaction. Journal of Hydrology, 200, 149-163.

ZANKE, U.: 1977. Berechnung der Sinkgeschwindigkeiten von Sedimenten. Mitteilungen des Franzius-Instituts für Wasserbau und Küsteningenieurwesen der TU Hannover, 46.

ZANKE, U.: 1982. Grundlagen der Sedimentbewegung. Springer, Berlin.

ZHENG, C. & BENNETT, G.: 2002. Applied contaminant transport modeling. Wiley Interscience, New Jersey.